超訳　種の起源

生物はどのように進化してきたのか

チャールズ・ダーウィン＝著／夏目 大＝訳
Charles Darwin
Dai Natsume

14歳の教室

技術評論社

目次

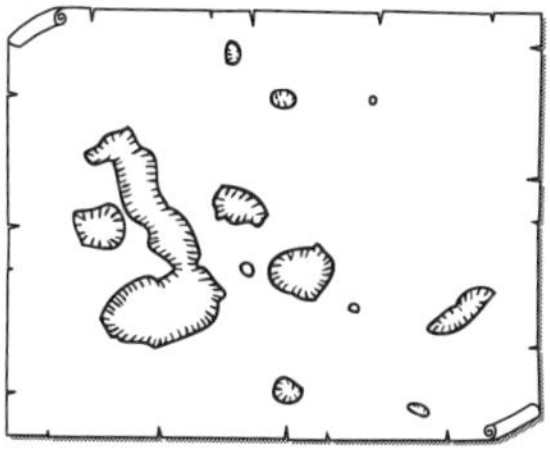

■訳者まえがき ・・・・・・・・・・・・・・・・・・・・ 8

■本書について ・・・・・・・・・・・・・・・・・・・ 40

第1章　人為選択 ・・・・・・・・・・・・・・ 45

多様性に富む飼育栽培生物　46

わずかな差はどこから？　48 ／ 生殖器官の攪乱？　49

変化の相関　50 ／ 用不用説　51

変化が起きる本当の理由は謎　51 ／ 遺伝　52

飼育鳩の起源　53 ／ 一つの種から多様な生物が　57

第2章　「種」とは何か・・・・・・・・・・・・・ 59

変種と種　60 ／ 個体差　62

個体差の拡大が新たな種を生む　63

分布域の広さ、数の多さ　64 ／ 属の大きさ　65

第3章　生存競争 ・・・・・・・・・・・・・・ 67

生き残るための競争　68 ／ 生物の驚異的な繁殖力　69

生き残る個体は少数　70 ／ 自然に選ばれる　70

必要な適応の度合い　71 ／ 気候の影響　72

個体の数と種の存続　74 ／ 生物間の複雑な関係　74
生物は似た者ほど激しく競争をする　76
競争への適応　77

第4章　自然選択 ・・・・・・・・・・・・・・・ 79
自然選択による変化は遅い　80 ／ 変化の蓄積　83
自然選択の力　84 ／ 自然界での居場所　85
変化の相関　86 ／ 特定の時期にのみ現れる特徴　87
性選択　88 ／ 花と昆虫　89 ／ 交雑　92
新しい種が生まれやすい状況　94 ／ 地理的隔離　95
自然選択による絶滅　96 ／ 生命の樹　97

第5章　生物変化の法則 ・・・・・・・・・・・103
環境の影響で生物が変化する　104
使わないと小さくなる？　107 ／ 飛べない甲虫　109
モグラの目はなぜ退化したか　110 ／ 節約　112
フジツボの例　113
変化しやすい器官、変化しにくい器官　114
極端に発達した器官は変化しやすい　115
属の特徴は変わりにくい　116
相似的な変化、先祖返り　117

第6章　学説の抱える問題 ・・・・・・・・・・119
4つの問題　120

中間段階の生物が見つからない理由　122
「中途半端」な器官が役立たないとはかぎらない　124
翼の進化　125
別の種が偶然に同じ能力を獲得することもある　126
生物は完璧とはかぎらない　127

第7章　本能 ・・・・・・・・・・・・・・・・・131
生まれつきの能力　132 ／ 自然選択と本能　134
利他的な本能　135 ／ 人間の作った本能　137
失われた本能　138 ／ カッコウの托卵　138
奴隷狩りをするアリ　140 ／ ミツバチの巣　142
働きアリは不妊　144

第8章　雑種 ・・・・・・・・・・・・・・・・・149
雑種と種　150 ／ 雑種が生まれるか否かは予測不能　152
自然選択と雑種　153

第9章　なぜ化石が足りないのか ・・・・・・157
中間段階の化石が見つからない　158
化石として残る生物はほとんどいない　158
化石が残る条件　159 ／ 地層は連続していない　161
地層の厚さと時間の長さは比例しない　163
生物は移動する　164 ／ 地球の歴史の長さ　165
最古の化石　167

第10章　生物の連続性　・・・・・・・・・・・・169

生物の変化速度は一定ではない　170

繁栄している属、絶滅に向かう属　170

一度滅びた生物が復活することはあるか　172

アメリカ大陸のウマ　173

生物は世界中で同時に変化するか　174

新しい生物のほうが高等か　176

環境と生物の種類との関係　177

第11章　生物の分布　・・・・・・・・・・・・・179

複数の地点で同種の生物が生まれることはあるか　180

陸地や海は変化する　181 ／ 植物の移動　182

氷河時代の影響　185

第12章　生物の分布（前章から続き）・・・・・・・・189

生物の分布に関する難題　190 ／ 淡水の生物　190

貝が空を飛ぶ　193 ／ 淡水植物の移動　194

孤島の生物　195 ／ ガラパゴス諸島　197

島ごとの違い　199

移動ができても広く分布するとはかぎらない　201

第13章　生物の分類　・・・・・・・・・・・・・203

生物の分類の基準は？　204

外見・習性が似ていても分類的に近いとはかぎらない　204

分類上、重要な特徴、そうでない特徴　206
痕跡器官　208 ／ 祖先は誰か　209
もし絶滅種がすべて蘇ったら　211
一つの部品がさまざまに変化する　212 ／ 胚の特徴　214
飼育栽培生物の例　216

第14章　結論　・・・・・・・・・・・・・・・・219
この本で書いてきたこと　220
創造主の関与を否定　221 ／ 中間種の不在　223
不完全な生物　224 ／ 生物の分布　225
共通の部品　227 ／ 未来の展望　228

付録　その後の進化論・・・・・・・・・・・・233

各章トビラに掲載しているイラストについて　243 ／ 参考文献　244 ／ 年表　245 ／ 夏目大 14歳のプロフィール　246

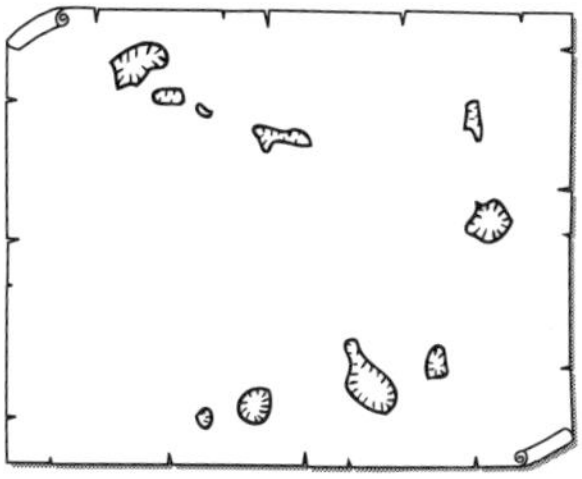

ブックデザイン　大森裕二
本文・カバーイラスト　菊谷詩子（サイエンスイラストレーター）
協力　倉谷うらら
企画協力・編集・組版　株式会社トップスタジオ

訳者まえがき

チャールズ・ダーウィンと『種の起源』

本書は、チャールズ・ダーウィン著『種の起源』を、できるかぎり内容を損なわないよう、簡潔にわかりやすく書き直した本である。『種の起源』は教科書にも載《の》っているたいへんに有名な本であるが、実際に読んだことのある人は少ないだろう。それは大著《たいちょ》であるうえに、記述がけっしてやさしくないせいもあると考えられる。本書を読めば『種の起源』に何が書いてあるのかは、ほぼわかるはずである。また、本書で要点をつかんでおけば、原典の『種の起源』を読む時の理解の助けにもなるだろう。

はじめに、著者であるチャールズ・ダーウィンの生い立ち、『種の起源』が生まれるまでの経緯《けいい》、また本が書かれ、発表された頃の時代状況などについてまとめておくことにする。

誕生・幼少期

チャールズ・ロバート・ダーウィンは、1809年2月12日、イギリス西部、シュロプシャー州のシュルーズベリで生まれた。父、ロバート・ダーウィンは裕福《ゆうふく》な医師。母スザンナは、イギリスの有名陶器《とうき》メーカー、ウェッジウッド社の創設者、ジョサイア・ウェッジウッドの娘である。ロバートの父、つまりチャールズの祖父、エラズマス・ダーウィンもやはり医師であり、詩人、科学者でもあった。エラズマス・ダーウィンとジョサイア・ウェッジウッドは友人で、両家には長年にわたる親交があった。

恵《めぐ》まれた家庭に育ったチャールズは、子供の頃から博物学（注0-1）に強い関心を示し、植物や貝殻、鉱物などの収集をしていたという。また、兄エラズマス（祖父と同名）は化学が好きで、家の中に実験室を設け、薬品の調合や結晶《けっしょう》の合成などをしていた。兄を慕《した》っていたチャールズもそれをよく手伝っていた。

エディンバラ大学へ

チャールズは16歳《さい》の時（1825年）、エディンバラ大学に入学し、医学を学び始める。父の希望もあり、医師の道を進むはずだった。しかし、チャールズが医師に向いていないことは明らかだった。まず、講義にまったく興味が持てない。面白いと感じられないのだ。また、もっと根本的な問題があった。チャールズは「血が怖《こわ》かった」のだ。解剖《かいぼう》や手術などはとても無理だった。当時は麻酔《ますい》なしで手足を切断するような手術も行われており、気の弱いチャールズは大変なショックを受けた。それでも、なかなか親に逆らう勇気は出ない。父親に言い出すことができないまま、しばらくは医学の勉強を続ける。

自分を騙《だま》し続けたチャールズだが、やがて限界がやってくる。どうにも我慢《がまん》ができなくなり、父親に「とても医師にはなれない」と告げたのだ。その言葉を聞いた父ロバートは「一族の面汚《つらよご》し」と激怒《げきど》するが、結局はチャールズの希望を受け入れる。ただ、医者にならないのはいいとしても、そのかわりにどの道へ進む、という明確な考えがチャールズにあったわけではなかった。博物学に強い興味はあったが、当時、博物学者をはじめ、科学者は一人前の「職業」とはみなされていなかった。科学研究は、身分、生活が保証され、時間にもゆとりがある人が、自分の興味に従って行うもので、それでお金をもらうという考えは一般《いっぱん》的ではなかったのだ。ダーウィン家は裕福だったため、チャールズが生活に困ることはないはずだったが、それでも、一族の名誉《めいよ》のため、何か社会から尊敬されるような職業に就いて欲しい、というのが父ロバートの希望だった。ロバートが息子に勧《すす》めたのは、英国国教会の牧師になるという道だった。ダーウィン家は格《かく》別《べつ》、信心深い家ではなく、ロバートもチャールズも熱心な信者ではなかったが、牧師になれば、ともかく身分は保証され、尊敬はされるだろう。そこで、チャールズは神学の学位を取るため、ケンブリッジ大学に入学する。

ケンブリッジ大学での運命の出会い

あくまで神学の勉強のために入ったケンブリッジ大学だったが、ここでチャールズは、後の人生を大きく変えることになる人物と出会う。それが、ジョン・ヘンズローである。ジョン・ヘンズローはケンブリッジ大学教授で、牧師であると同時に植物学者、地質学者でもあった。チャールズは、ヘンズロー教授に講義を受けただけでなく、ヘンズロー自身が学内に開設した植物園内でよく科学について共に語らった。そのため、「ヘンズローと散歩する男」というニックネームまでつけられて有名になった。この時の会話がチャールズの後の研究に大きな影響《えいきょう》を与えたと言われている。

ビーグル号への誘《さそ》い

チャールズは1831年にケンブリッジ大学を卒業する。そして同じ年、実家に戻《もど》っていたチャールズの元に、恩師ヘンズロー教授からの手紙が届いた。イギリス海軍の測量船、ビーグル号に乗って世界一周の旅に出ないか、という誘いだった。

ビーグル号は、最新式の時計を使って世界一周の旅をする、南アメリカ大陸の海岸線の海図を作る、という2つの任務を帯びていた。艦長《かんちょう》はロバート・フィッツロイ。当時、艦長が、船員たちと打ち解けた関係になることはまずなかった。まだ階級制度が色濃《いろこ》く残っていたイギリスで、社会的な身分の違う艦長と船員が業務上の会話以外の話をすることはほとんどなかったのだ。つまり、艦長は航海の間、ずっと孤《こ》独《どく》な立場でいることになる。そのせいか、前任者のプリングル・ストークスは鬱病《うつびょう》になり、拳銃自殺している。また、フィッツロイ自身の叔父《おじ》も自殺をしていた。自分にも同じ素質があるかもしれない、と心配したフィッツロイは、航海中に話し相手になれるような良家の子息に同行を求めた。また、できれば博物学者の素養を持っていることが望ましいとされた。その要望を友人から聞いたヘンズローがチャールズに手紙を書いたというわけだ。ヘンズロー自身も行きたいとは思ったが、妻子を置いて長い間旅に出てしまうわけにもいかない。他のケンブリッジ卒業生にも打診《だしん》したが、結局、まだ何の職業にも就いておらず、独身で身軽だったチャールズが最も適任とされたのだ。

父親の反対

この誘いに大喜びしたチャールズだったが、父ロバートは反対だった。まず、世界一周など危険すぎる。どこで何が待ち受けているかわからない。船から海に落ちて溺《おぼ》れるかもしれない。階級の違《ちが》う船員たちから悪影響を受けることも心配だった。未開の地に足を踏《ふ》み入《い》れることが経歴に傷をつけるかもしれない。今後、聖職者となったときに悪い評判を立てられる恐《おそ》れもある。帰国後は、できれば平穏《へいおん》に暮らしてもらいたいが、世界一周などに出かけてしまっては、帰国後の生活も静かなものにならないのではないか、とも考えた。

父親の反対を受け、チャールズはいったんあきらめ、父が反対しているという手紙をヘンズローに送る。だが、がっかりしている息子を見て、父は、義兄《ぎけい》（チャールズから見れば伯父《おじ》）のジョサイア・ウェッジウッド2世に手紙を出した。自分は航海に反対だとしたうえで「もし、あなたが賛成ならば、私はそれに従います」と書いたのだ。

チャールズは伯父ジョサイアと話をし、自分は航海に出たいと伝える。伯父は賛成してくれ、「この航海は、将来、牧師になるにしてもマイナスにはならず、むしろプラスになる」という手紙をロバートに書いてくれた。珍《めずら》しい人間や事物を見ておけば、後で絶対に生きるはず、というのだ。また、手紙だけでなく直接会って説得もしてくれた。おかげでチャールズは晴れて航海に出かけられることになった。

1831年12月27日、ビーグル号はプリマス港を出航した。じつは、チャールズがプリマスに到着《とうちゃく》したのは10月だったのだが、船の修理が必要になったり、強風によって出航がやり直しになるなどしたため、12月まで待たされることになった。出航してすぐ、チャールズはひどい船酔《ふなよ》いに襲われる。航海は5年間続いたが、船酔いはずっとつきまとった。

『地質学原理』と斉一《せいいつ》説

ビーグル号での航海中、チャールズは、『地質学原理』という本を読み、夢中になる。本の著者は、スコットランド出身の地質学者で、弁護士でもあった、チャールズ・ライエル。この本でライエルが主張したのは、「斉一《せいいつ》説」という考え方だった。それまで、世界は神の起こした天変地異によっていっきに現在の姿になったと信じられていた。これは「天変地異説」と呼ばれる。それに対し、斉一説では、世界をいっきに作り上げるような天変地異は起きなかったと考える。昔も今も、地球上で起きていることは常に同じであり、突発《とっぱつ》的にまったく違うことは起きない。これまでも起きなかったし、これからも起きない、というのだ。

私たちが今、目にしている地形は、水や風による侵食《しんしょく》や、土砂の堆積《たいせき》、火山の噴火や地震等の現象によって少しずつ作り上げられてきたということになる。こうした現象は現在も変わらずに起きている。天変地異によって一夜にして何もかもが作られるということはない。

この考えが正しいとすると、地球の歴史は相当に長いことになる。当時、地球の歴史は6000年ほどだと信じられていた。聖書の記述が正しいとすると、そのくらいと考えるのが妥当《だとう》なのだ。しかし、神が天変地異を起こして地形をいっきに大きく変えることがないとすると、たかだか6000年では、現在のような地形はとてもできない。水や風が岩や土を削《けず》る速度や、土砂が堆積していく速度から考えれば、はるかに長い時間が必要なはずである。つまり、斉一説は、神の創造主としての役割を否定するだけでなく、地球の歴史についての認識も大きく変えさせる革命的な本だったのだ。この本はチャールズに大きな影響を与《あた》え、後に進化論を着想《ちゃくそう》するヒントとなる。

化石

ビーグル号の旅で、チャールズは多数の化石と出会う。メガテリウム（巨大《きょだい》なナマケモノ）、サーベルタイガー、トクソドン（カバに似た大型草食動物）など、すでに絶滅《ぜつめつ》してしまった動物の化石だ。

この「絶滅した動物の化石」というものの存在は、長い間、多くの人を悩《なや》ませてきた。化石自体は、かなり昔から知られていたが、それを過去の生物の痕跡《こんせき》だと考える人はあまりいなかった。たとえば、古代ギリシャの哲学《てつがく》者、アリストテレスは、「化石は、特殊《とくしゅ》な力によって石の中に生まれるもので、生物に似ているが生物とは無関係」と考えていた。

また、キリスト教が広く信じられたヨーロッパでは、生物はすべて神が創造したと考えられており、また、生物は創造されたときからいっさい変化していない、とされていた。化石が過去の生物の痕跡であると認める人は徐々《じょじょ》に増えたが、すべては現在も存在する生物のものとされたのだ。

ところが、18世紀になると、フランスのジョルジュ・キュヴィエが、シベリア、ヨーロッパ、北アメリカなどで発見されたゾウの化石を研究し、それが現在のゾウとは違う別の種類であることをつきとめた（シベリア、ヨーロッパ、北アメリカは、いずれも現在はゾウが生息していない地域だ）。キュヴィエはこのゾウを「マンモス」と名づけた。だが、マンモスの存在をどう説明すればいいかで困ってしまう。マンモスが今のゾウと違うのならば、天地創造以来、生物に変化はない、という聖書の記述とは矛盾《むじゅん》してしまうことになる。キュヴィエはキリスト教を信じており、聖書を否定するつもりはまったくなかった。そこで気づいたのが「ノアの方舟《はこぶね》」の伝説である。これは、旧約聖書の『創世記』に出てくる伝説で、人間の悪行に怒《おこ》った神が40日間にもおよぶ洪水《こうずい》を起こし、地上の生き物のほぼすべてを滅《ほろ》ぼしたとされる。生き残ったのは方舟に乗ったノアとその家族、そしてわずかな動物だけだった。キュヴィエは、過去、実際に神によって洪水などの天変地異が起こされ、それで多くの生物が絶滅したのでは、と考えた。マンモスも天変地異で滅びたというわけだ。過去に天変地異は何度も起き、その度に天地創造がやり直されたのでは、とも考えた。地球に「地層」というものが存在し、層ごとに違った化石が出てくるのもそのためだというのだ。

ダーウィンもキュヴィエの説を知っており、受け入れていた。そのため、はじめのうちは、絶滅した動物の化石を発見しても、天変地異で滅びたのだろう、くらいに考えていた。ところが、それでは説明できないことが起きる。絶滅動物の化石が見つかったのと同じ地層から、現在も見られる生物の化石が一緒《いっしょ》に見つかったのだ。天変地異の度に天地創造がやり直されたのだとしたら、これはおかしなことだ。いったんすべての生物を滅ぼしたのだが、その一部は再び蘇《よみがえ》らせたのだろうか？　そうなのかもしれないが、神がそんな無駄《むだ》なことをするだろうか？　無駄でないとしたら、いったい、なんの目的があってそんなことを？　……謎《なぞ》は深まるばかりだった。

地震《じしん》をはじめて体験

イギリスにはほとんど地震が起きない。そのため、チャールズも、ビーグル号に乗るまでは、一度も地震というものを体験したことがなかった。はじめての地震に遭遇《そうぐう》したのは航海の途中《とちゅう》だ。南アメリカ、アンデス山脈に登った時のことである。「大地」は堅固《けんこ》なものの象徴《しょうちょう》のはずだった。その大地が揺《ゆ》れる。衝撃《しょうげき》だ。また、衝撃を受けたのは地震そのものだけではない。その影響である。わずか2分間、地面が揺れただけで、大地に亀裂《きれつ》が走り、岩石が砕《くだ》けた。また、海中に沈《しず》んでいた土地が隆起《りゅうき》している所さえあった。岩肌《いわはだ》に新しい貝の死骸《しがい》があったのですぐにわかった。地震の間だけで何メートルも隆起したことになる。普通《ふつう》であれば1世紀はかかるような変化が、ごくわずかな時間で起きたのだ。

この体験により、チャールズは、ライエルの斉一説は正しいという確信を深めることになる。地震の威力《いりょく》がこれほどのものなら、聖書にあるような神による天変地異がなくても、現在のような世界は十分にできると考えたのだ。

チャールズは、しばらく後に、その確信をさらに深める体験をすることになる。アンデス山脈の海抜《かいばつ》約4000メートルの地点で、貝の化石を発見したのだ。貝の化石があるということは、そこはかつて海だったことになる。つまり、その土地は、4000メートル以上、隆起したのだ。どのくらいの時間がかかったのかはわからないが、とにかく途方《とほう》もなく長い時間をかけて地面が持ち上がったのは確かである。実際にこういうことが起きるのだとすれば、斉一説はきっと正しいにちがいない、とチャールズは思った。現在、目にすることができる自然現象は、遠い過去からずっと変わらずに続いており、その自然現象だけで地球は今の姿になった。また、地球の歴史は従来、言われていたように6000年くらいではなく、それよりもはるかに長いと考えられる。

ガラパゴス諸島

ガラパゴス諸島は、「進化論が生まれた場所」としてよく知られている。進化論と言えばガラパゴス諸島、というほど有名である。だが、実際には、ガラパゴス諸島の自然を見ているうちに進化論を思いついた、というような単純な話ではない。大事なのは、進化論を思いついたのは、ガラパゴス諸島にいたときではなく、それよりずっと後の帰国後である、ということだ。しかも、ガラパゴス諸島に到着《とうちゃく》したとき、チャールズの関心は生物学よりもむしろ地質学に向かっていた。ライエルの学説の正しさを証明してくれるようなものにまた出会えるのではないかと楽しみにしていた。動植物の標本も集めるには集めたが、たんに珍しいから標本にした、というものが多く、さほど重要だとは考えていなかった。その態度を帰国後、後悔《こうかい》することになるが……。

チャールズを乗せたビーグル号がガラパゴス諸島に着いたのは1835年10月。航海4年目のことだった。島々には、他の土地では見られない生物が数多く生息していた。その一例がゾウガメである。「ガラパゴ」とはスペイン語で「カメ」のことであり、その名のとおり、カメの島々だったわけだ。このゾウガメについてチャールズは興味深い話を聞いた。カメの甲羅《こうら》の形が島によって違っているというのだ。そのため、住民は、甲羅の形でどの島のカメかを見分けられるという。

甲羅の形は、大きく2つの種類に分けられた。ひとつが「ドーム型」で、もうひとつが「鞍《くら》型」だ（第12章のトビラさし絵を参照）。両者の最大の違いは、頭を持ち上げられるようになっているかどうか、である。ドーム型の甲羅は、頭のすぐ上に甲羅の縁《ふち》があるため、頭を持ち上げることはできない。しかし、鞍型の甲羅の場合、頭の上に空間があるので、頭を持ち上げられる。また、ドーム型の甲羅を持つカメは首も前脚《まえあし》も短いのに対し、鞍型の甲羅を持つカメは首と前脚が長い。

よく調べてみると、ドーム型の甲羅を持つカメが住む島と、鞍型の甲羅を持つカメが住む島では、環境《かんきょう》が大きく違い、それにより餌《えさ》に違いが生じていることがわかった。ゾウガメは主にサボテンを食べていたが、島によって、サボテンの背の高さに違いがあったのだ。背の低いサボテンが生えている島にいるゾウガメは、ドーム型の甲羅でも生きられる。だが、背の高いサボテンしかない島ではそうはいかない。その島のゾウガメは鞍型の甲羅と長い首、長い前脚を持っているために、高いところのサボテンを食べることができるのだ。

このゾウガメと同様、島によって少しずつ姿形や生態が違う生き物は他にもいる。フィンチ（第14章のトビラさし絵を参照）などもその例である。フィンチは、島で手に入る餌によってクチバシの形が違っている。堅《かた》い種子しか食べるものがない島では、フィンチのクチバシは大きい。その大きなクチバシで堅い種子を砕《くだ》いて食べるのだ。サボテンを食べるフィンチは、クチバシが長めになっている。長いクチバシは、トゲを避《さ》けながらサボテンを食べるのに便利である。なかには、小枝などを木の穴に入れて出てきた虫を食べる変わったフィンチもいる。このフィンチのクチバシはやはり、枝をくわえるのに適した形をしている。フィンチは進化論の象徴とされ、後に「ダーウィンフィンチ」という名前もつけられたのだが、ガラパゴス諸島に滞在《たいざい》していた時点ではさほど注目しておらず、どの標本をどの島で採集したかもきちんと記録していなかった。採集した当時は、少しずつ形態の違うフィンチをすべて別の鳥だと勘違《かんちが》いしていたのだ。じつはすべてが同じ鳥で、島ごとに少しずつ違いがあるのだと気づいたのは帰国後だった。

ゾウガメやフィンチなど、後から考えれば進化論につながるヒントがたくさんあったガラパゴス諸島だが、すぐにその重要性に気づいたわけではなかったのだ。ただ、もしガラパゴス諸島に立ち寄らず、そこでゾウガメやフィンチに出会わなければ、進化論にたどり着けたかどうかはわからない。島でフィンチを見ていてふいにひらめいた、というようなドラマチックな話ではないにせよ、やはり進化論にとって大事な場所だったことに変わりはない。

帰国

1836年10月2日、チャールズを乗せたビーグル号はイギリスに到着する。将来のまったく見えない状態で旅立ったチャールズだったが、故郷に帰ってみると、自分の立場が旅立つ前とはまるで変わっていることがわかった。各地からイギリスに送った数々の標本が評判を呼び、将来有望な学者として注目されるようになっていたのだ。

もともとは牧師を目指すはずだったが、そのつもりはほとんどなくなっていた。できれば研究だけに専念したい。それも大学の教授ではなく独立した学者として。ただ、それでは収入のあてもなく、生活していけるわけはない。父親の財産を分けてもらうしか方法はない。

さいわい、チャールズが留守の間に、兄エラズマスは医学の勉強を放棄《ほうき》し、何もせずに悠々自適《ゆうゆうじてき》の暮らしをするようになっていた。兄の前例があれば、自分も同じようにしたい、と言いやすい。また、父親は、チャールズの研究を理解し、立派な学者になった息子を誇《ほこ》りに思うようになっていた。そのため、チャールズの頼《たの》みを快く聞き入れ、生活費の提供を約束してくれた。おかげで、その後はなんの心配もなく研究に打《う》ち込《こ》めるようになったのである。

異端《いたん》の祖父とラマルク

ダーウィンはビーグル号で航海に出る以前、「生物が進化する」などとは思っていなかった。帰国後もしばらくの間はそうだった。聖書に書かれているように、生物は知性を持った創造主が作ったという考えを信じていたのだ。創造主はもしかすると、神ではないかもしれないが、ともかく知性と意志を持った誰《だれ》かである。そして、創造以来、すべての生物は現在に至るまで変わっていない。そういう考えをダーウィンも持っていた。

なぜそう言えるのか、ということに関しては、イギリスの神学者、ウィリアム・ペイリーが巧《たく》みな説明をしていた。ペイリーはこんなふうに言う。「歩いていて、もし石を踏んだとする。その石がそこに存在することにはなんの不思議もない。石は自然にでき、どこかから転がってきたのかもしれないし、昔からずっとそこにあったのかもしれない。だが、地面に時計が落ちているのを見つけたとしたらどうだろう。時計が勝手に生まれて、いつの間にかそこに存在するようになったとは考えられないだろう。時計は、たくさんの部品が集まってできており、全体として時を刻むという一つの目的を達する。だが、部品は単独では何にもできない。また、部品が半分だけ組み合わせられた時計も役には立たないだろう」そんな、たくさんの部品を一つの目的に合うように組み合わせる、などという芸当は自然にできるわけはない。一つひとつの部品が偶然に生まれ、偶然《ぐうぜん》一箇所《かしょ》に集まり、また偶然に、うまく働くように組み合わさる、などということはあり得ない。だから、知性と意志を持った存在が関与《かんよ》しないかぎり時計は生まれない、と考えるのが妥当である。時計の場合、その知性と意志を持った存在とは人間である。だが、人間が生物を作ったとは考えられない。他に知性と意志を持った存在と言えば、神しかいないではないか。ペイリーはそう言いたいのだ。

ダーウィンはこの説明に納得していたし、それは当時の大多数の人たちも同じだった。ただし、全員が全員そうだったわけではない。なかには、創造主としての神を否定するような「罰当《ばちあ》たり」な考えを持つ人たちも少数とはいえ、存在したのだ。その一人はなんと、チャールズ・ダーウィンの祖父、エラズマス・ダーウィンだった。エラズマスの本業は医師だったが、同時に博物学者、植物学者、発明家、詩人でもあり、広く名を知られた人である。

エラズマスは、「現在生きている動物と植物はすべて、目に見えないほど小さな一つの生物が変化して生まれたものである」と考えていた。これは一種の進化論だが、エラズマスは進化という言葉は使わず、生物が変化していくことを「転成」と呼んでいた。孫のチャールズも、この説の存在をなんとなくは知っていたが、あまり納得はしていなかった。

ほかに、同様の説を唱えた人物としてよく知られていたのは、フランスのラマルクだった。ラマルクは1809年に『動物哲学』という著書を発表し、その中で「生物は長い時間のうちに変化する」という説を唱えた。彼《かれ》の説は一般には「用不用説」と呼ばれる。これは、生物が環境の影響を受けて変化をするという考え方だ。たとえば、キリンは非常に首が長いが、この首は、高いところに茂《しげ》っている葉を食べようと伸《の》ばしているうちに長くなった、というのである。もちろん、すぐあれほど長くなるわけではないが、あるキリンが懸命《けんめい》に伸ばしているうちにほんの少しでも首が長くなれば、それが子孫に受け継《つ》がれる。その子孫も同じように首を伸ばし……ということが何世代も繰《く》り返されるうちに、今のように極端《きょくたん》に長い首になる、ということである。このように、生きている間に起きた変化が子孫に受け継がれることを現在では「獲《かく》得形質《とくけいしつ》の遺伝」と呼んでいる。ラマルクの説は、大きな反発を受け、「証拠《しょうこ》がない」として退けられた。実際にキリンの首が伸びていく様子を目にした人はいないし、徐々に首が伸びていったことがわかるような化石も見つかってはいない。ダーウィンも、ラマルクの説を知っていたが、それが正しいとは考えなかった。

秘密のノート

帰国後のダーウィンは、ビーグル号の航海の記録をまとめた著書『ビーグル号航海記』をはじめ、地質学や生物学に関する研究結果を本や論文のかたちでいくつも発表し、一流の科学者として評判を高めていく。ただその陰《かげ》で、ある「危険な考え」も抱《いだ》き始めていた。「生物はやはり変化しているのでは？」と思うようになっていたのだ。そして、その考えを秘密のノートに書き留めるようになる。

そういう考えを持つようになるには、いくつもの原因があり、一つに限定することはできない。ただ、ライエルの「斉一説」が大きなヒントになったことは確かだ。ビーグル号の航海により、ダーウィンはライエルが正しいということを確信した。自然は徐々に変化している。一時の天変地異によっていっきに変わり、その後まったく変わらないのではなく、日々、少しずつ変化し、それが蓄積《ちくせき》して長い時間のうちに大きな変化を生むのだ。だとすれば、生物も同じではないのか。神が天地のすべてを創造したのなら、生物だけが例外ということがあるだろうか。それでは筋が通らない。生物もやはり徐々に変化しているのではないか。

航海中に採集した標本からも、生物が変化していることを示唆《しさ》する証拠がいくつも見つかった。ダーウィンは、専門家に依頼《いらい》するなどして、標本について詳《くわ》しく調査していたが、おかげで採集している時点では気づかなかったことが次々に明らかになった。ガラパゴス諸島のフィンチのクチバシが島ごとに異なっていることにも気づいた。ゾウガメと同じように、環境に合うように変化を遂《と》げていたのだ。

もしかすると、同じことはすべての生物に言えるのではないか。また、フィンチに生じている変化はわずかなものだが、時間が経てば変化が蓄積してもっと大きな違いになるかもしれない。そうして、1種類の生物から何種類もの生物が生まれるのではないだろうか、ちょうど木が枝分かれしていくように。そう思ったダーウィンは、ノートに生物の種が枝分かれする様子を表した図（本編第4章の図4-2「生命の樹」を参照）を描《えが》いた。さらに、ダーウィンの考えは自分たち人間にもおよんだ。人間もやはり生物の一種であることに違いはない。人間も他の生物から枝分かれして生まれたのだとしたら、元はサルのような生物だったと考えられる。そのこともノートに書いた。

それは恐ろしい考えだった。こんなことを考えていると他人に知られたら、なんと言われるかわからない。後に友人の植物学者、ジョセフ・フッカーにこの考えを打ち明ける手紙を送ったが、その中でも「殺人を犯したと告白するような気分です」と書いている。

マルサス『人口論』

そのように、「生物は変化する」と考え始めたダーウィンだが、わからないことがあった。それは、「なぜ生物は環境に合うように変化するのか」ということだ。変化するのは間《ま》違《ちが》いないとしても、でたらめに変化するのではなく、フィンチやゾウガメのように環境に合わせて「都合よく」変化するのはなぜなのか。やはりそれは神の意志なのか。だが、それではなにも説明したことにならない。では、ラマルクの言うように、生物自身の意志なのか？　それもあまり納得できない。

考えあぐねていたダーウィンは一冊の本に出会う。それがトマス・マルサスの『人口論』である。元来、人間には大変な繁殖《はんしょく》力があり、何もなければ人口はとんでもない勢いで増加する。だが、食糧《しょくりょう》の供給はそれほど増やせないので、人口がある程度増えると必ず食べられない人が出て、そこで人口は抑制《よくせい》される。食糧を得ることができた人は生き残るが、そうでない人は死んでしまうのである。食糧が不足すれば、食糧をめぐって熾烈《しれつ》な競争が起きるだろう。競争に勝てば生き残り、負ければ死に絶える。勝つのは、競争上なにか有利になるような長所を持った人だろう。

これは、自然界の生物にもそのまま当てはまるとダーウィンは考えた。また、むしろ、この話は人間よりも自然界の生物によく当てはまるのではないか、とも思った。人間には叡《えい》智《ち》があるため、競争があまりに過酷《かこく》になるのを回避《かいひ》すべく工夫をするが、他の生物にはそれがないからだ。

生物が環境に合うように変化しているように見えるのは、じつは、環境に合わない生物が死に絶えているからだ、とダーウィンは考えた。環境が変化すれば、それに合わせて変化をしなかった生物は競争に負けて死んでしまい、適切な変化をした生物だけが生き残る。結果として、あらゆる生物が環境に合うべく変化を遂げたように見えるわけだ。これをダーウィンは、「自然選択《せんたく》」と名づけた。自然が生物を選択している、ということだ。この「自然選択」はダーウィンの進化論の根幹をなす考えである。

ウォレスと進化論の発表

ダーウィンが『人口論』を読み、自然選択説を発想したのは1838年のことだとされている。だが、ダーウィンが自らの考えを世間に発表したのは、それから20年も経ってからのことだ。20年間、秘密にしたまま研究を続けていたのだ。なぜ、それほど長い間、発表せずにいたのか、明確な理由はわかっていない。ただ、世間からの反応を恐れていたのは間違いないだろう。ダーウィンは穏《おだ》やかで争いごとを嫌《きら》う人だった。過激な理論を発表することで、大勢の人から攻撃《こうげき》されるのは耐《た》えられないと考えたのかもしれない。発表するのであれば、数々の反論に答えられるだけの証拠を集めなくては、と考えたのだろう。

実際、ダーウィンは自分の考えを裏づける証拠をあれこれと探している。『種の起源』でも触《ふ》れられている飼育バトについての研究もそうだ。飼育バトの研究によって、ダーウィンは、生物はたしかに変化しうるという確信をさらに深めていく。

そして、ついに自然選択説の発表を促《うなが》す決定的な出来事が起きる。それはライバルの出現である。1858年6月18日、ダーウィンの自宅に一通の手紙が届く。それは、当時、東南アジアにいた博物学者、アルフレッド・ラッセル・ウォレスからのものだった。手紙を読んだダーウィンは衝撃を受ける。そこに書かれていた生物の変化についての理論は、自分のものとそっくりだったからだ。ウォレスは、ビーグル号の航海について書いたダーウィンの著作を読み、その影響を受けて各地に研究に出かけていた。そして、やはりマルサスの『人口論』を読んで、ダーウィンと同じことを発想したのだった。

ダーウィンは迷った。手紙を読んでしまったからには、今後、自分が自然選択説を発表すれば、ウォレスの研究を盗《ぬす》んだと言われてしまう。もはや研究は無意味かもしれない。発表のために書き溜《た》めていた原稿《げんこう》を燃やしてしまおうかとも考えた。

いったいどうすればいいか。ダーウィンはチャールズ・ライエルに相談をした。彼は『地質学原理』の著者だが、ビーグル号の航海からの帰国後はダーウィンの友人になっていた。ライエルは、フッカーとも相談し、ダーウィンの説をウォレスの説との共同発表にしようと決める。1858年6月30日、リンネ学会において、自然選択説は発表された。ダーウィンは子供が病気だったため、ウォレスは遠方にいたため、当事者《とうじしゃ》2人がどちらも欠席という異例の発表だった。ダーウィンの論文とウォレスの論文の両方がその場で読み上げられる、というかたちをとった。

だが、予想に反して、この発表は大した反響《はんきょう》を呼ばなかった。賛成はもちろん、反対の声もあまり聞こえてこなかったのだ。その理由はよくわかっていないが、当事者が不在で、ただ論文が読み上げられただけだったということ、また論文の書き方が人々を刺激《しげき》するようなものになっていなかったことが原因だとも言われている。

種の起源

自説の発表への反響が薄《うす》いのを見て、ダーウィンは、新たに論文を書き、学会誌に載せるべきだと考えた。そこで、長年書きためていた原稿を要約し始めたのだが、どうしても論文の長さには縮められず、結局は本として刊行することになった。それが『種の起源』である。

『種の起源』は、1859年11月22日に刊行された。初版1250部に対し、1500部の注文があり、たちまち売り切れる。当時としては異例の反響だ。もちろん、反響の中には好意的なものもそうでないものもあった。素晴らしいと称賛《しょうさん》する人もいれば、「けしからん」と怒る人もいた。ダーウィンは、多くの反論があることをあらかじめ予想していた。本書の本編を読んでもらえるとわかるとおり、『種の起源』には、想定される反論に対して、「なぜ自説が正しいと言えるのか」を説明している箇所が多く見られる。20年間の研究の成果がそこに現れていると言えるだろう。

『種の起源』の中には、じつはそういうことはいっさい書かれていないのだが、敏感《びんかん》な人は、すぐに「ダーウィンは人間がサルのような動物から生まれたと言っている」と察知した。当時の人々にとって特に衝撃が大きかったのは、そのことかもしれない。「人間は他の生物とは違う、特別な存在である」という考えを根底から覆《くつがえ》すことになるからだ。生物の中の頂点に位置していたはずが、生物のたんなる「一つの種」ということになってしまう。それは耐えられないこと、と思う人も多かった。

もうひとつ、『種の起源』で大切なことは、どの生物が優れていて、どの生物が劣《おと》っている、というような考え方をしていないという点である。単純な生物が「下等」、複雑な生物は「高等」という考え方をする人は多いが、ダーウィンの考えはそれとは違っていた。生物が下等であるか高等であるかは、誰にも決められないと考えていたのだ。生存競争で勝つほうが高等、負けるほうが下等、と仮に定義することができなくはないが、それが絶対の真理であるとは言えない。たんに「そういう言い方もできる」というだけのことである。ただし、このあたりのことを十分に理解している人は少ない。ダーウィンの言ったことを誤って解釈《かいしゃく》している人は多いのだ。

『種の起源』は1859年の初版刊行後、最新の研究成果を盛《も》り込《こ》んで何度か改訂《かいてい》された。最終版は、1872年刊行の第6版である。

「進化」

ダーウィンは『種の起源』の中で、はじめは「進化(evolution)」という言葉は使わなかった(第6版ではじめて使用)。進化とは呼ばず、「変化(modification)」と呼んだのだ。生物は、代を重ねるごとに徐々に変化していく、とダーウィンは考えたが、必ずしも、「より高度に」「より複雑に」変化するわけではない、と考えていた。だが、「進化」という言葉には、どうしてもそういうニュアンスがある。今でも「スマートフォンの進化」などと言えば、前よりも機能が高度になったことを指す。しかし、生物は高度で複雑なほうへと変化するとは限らないのだ。たとえば、モグラなど、地中で暮らす生物の中には、目がないものや目がほとんど見えないものがいる。これは、祖先にはあった目が退化したものと考えられる。また、ダチョウなどの飛べない鳥も、最初から飛べなかったわけではなく、もとは飛べた鳥が、翼《つばさ》が退化して飛べないようになったと考えられる。だが、「進化」という言葉を使ってしまうと、こうした「後ろ向き」の変化のことは連想しにくくなる。

進化論は、他にも誤解されやすい点がある。生物は「人間」というゴールに向かって、単純なものから順に進化してきたと考える人がいるのだ。ダーウィンは生物の変化に目標や方向性があるとは考えていなかった。ただ、たまたま、その場所の環境に適応し、生存競争に勝てるような特徴《とくちょう》を持った生物、自然に選択された生物が残る、というだけのことである。どういう生物が選択されるかは、偶然に大きく左右されるのだ。進化を最初からまたやり直したとしたら、今度は人間が生まれない可能性は高い。

ダーウィンの発見は、天文学の世界で「地動説」が「天動説」に取って代わったのと同じくらいの影響を世界に与えたと言えるだろう。天動説では、地球は宇宙の中心であり、特別な存在である、と考えていた。だが、地動説が正しければ、地球は宇宙の中の無数の星の一つにすぎず、なんら特別の存在ではないということになってしまう。ダーウィンの理論も同じだ。人間は生物の世界でなにも特別な存在ではなく、無数の種の一つにすぎないのだ。

進化論と差別

すでに書いたとおり、ダーウィンの理論は、誤解されることが多い。そして、たんに誤解するだけでなく、都合よく解釈して悪用する人も過去に多く現れた。悪用の一つの例が、「差別の正当化」である。ダーウィンはただ、「たまたま」その場の環境に適応し、生存競争に勝った生物が選択される、と言っただけだ。しかし、これは「優れた者が生き残る」「劣った者に生きる価値はない」と解釈されやすい。優れた者が生き残るのが自然の摂理《せつり》であり、劣った者が死ぬのは仕方がない、と考えるわけだ。

ここで最も問題なのは「優れている」という言葉の意味が非常に曖昧《あいまい》、ということだ。絶対に優れていると言えるものはどこにもない。何が優れていて、何が劣っているかは、人間が勝手に決めるのである。権力を持った人間が自分の都合で「こういう人間は劣っている」と決めてしまえば、皆《みな》が大手を振《ふ》って差別をする、ということになってしまうだろう。

これまでの歴史で実際にそういうことは起きた。白人による黒人差別や、ナチスドイツによるユダヤ人虐殺《ぎゃくさつ》、身障者差別などはその例である。自分と異質と人間を「劣っている」と決めつけ、差別を正当化するのだ。

進化論と資本主義

ダーウィンの理論は、資本主義の正当性を主張するのにも利用された。競争に勝った者が富を得て、敗れた者が貧しくなるのだから自然の摂理《せつり》に適《かな》っている、だから敗れた者に手を差《さ》し伸べる必要はない、というのだ。ダーウィンはそんなことは言っていない。ダーウィンは、たんに、自然界では生存競争に勝った者が生き残っている、と言っただけである。それが正しいとも、人間もそうすればいいとも、言ってはいないのだ。だが、富を独占《どくせん》し、弱者を助けたくないと考える人に、ダーウィンの理論は悪用された。自分が弱者を助けないのはそれが自然の摂理だからだ、と言って、自分の行動を正当化しようとしたのである。こういう正当化は現代の社会でも多く見られる。

なぜ「種の起源」か

『種の起源』は今から150年も前に書かれた本である。当然、その150年の間に、生物学は大きな進歩を遂げている。生物の進化に関する研究も、ダーウィンの頃《ころ》とは比較《ひかく》にならないほど進んでいる。そんな現在、『種の起源』を読む意味はどこにあるのだろうか。時代遅《おく》れなので意味がない、読む必要がないと考える人もいるだろう。しかし、決してそんなことはない。

『種の起源』にはたしかに、現在の目から見れば細かい間違い、理解不足な点がいくつもある。証拠を見つけられず、推測で書いているところもあるし（もちろん、ダーウィン本人もそう断っている）、当時の調査技術では確かめようのなかったこともたくさんある。だが、それでも、進化に対する基本的な考え方は現在も変わっていない。現在も多くの生物学者は、細部はいろいろと違っていても、基本的にダーウィンと同じ考え方をしている。なにより重要なことは、進化を超自然《ちょうしぜん》的な力のせいにしない、ということである。「ここから先は神秘のベールに包まれていて、絶対にわかり得ない」そう言ってしまえば楽だが、それはしない。ダーウィンの業績の偉大《いだい》さはそこにある。普通の自然現象、自然法則だけで、生物の進化を説明しようと試みたこと、説明できると考えたこと、そこが偉大だったのだ。

これは、科学に取り組む人間にとって、とても大切な基本姿勢である。じつのところ、科学万能時代と言われる現代でも、そういう物の見方、考え方のできる人はさほど多くない。「ここから先はわからない」「わかる必要がない」と言ってすませてしまうのだ。それでなにも困らない、と思うかもしれない。だが、生活のあらゆる面に科学が入《はい》り込《こ》んでいる現代に生きている以上、そうはいかないのだ。何か起きるたびに「天罰《てんばつ》だ」「神の思《おぼ》し召《め》しだ」と言って、あとは何も考えないという態度では、科学的な思考のできる人にうまく利用されてしまうことになるだろう。一見、とても神秘的で、合理的な説明などできないように思えることでも、筋道を立ててきちんと考えれば、かなりの程度、説明ができる。『種の起源』はそれを教えてくれる本だ。

もうひとつ大事なのは、自分の「相対化」である。『種の起源』を読むと、人間は単なる生物の一種にすぎず、なんら特別な存在ではないとわかる。私たちは進化の結果、たまたま生まれただけで、生物の頂点に君臨《くんりん》する「万物の霊長《れいちょう》」などではない。また、あらゆる生物が、私たちの人間の「遠い親戚《しんせき》」なのだ、ということもわかる。どんな生物でも、時代をさかのぼれば、いずれかの時点に私たち人間との共通の祖先がいるのだ。それがわかれば、自ずと謙虚《けんきょ》になるはずである。人間には、他の生物の運命を意のままに操《あやつ》る権利などない。他の生物と同等なのだから、共存していかなくてはならない。ダーウィンの言うことを十分に理解すれば、自然にそういう考えに至るだろう。

＜注0-1＞
博物学とは、広い意味では自然科学全般《ぜんぱん》を指すが、狭《せま》い意味では、動物や植物、鉱物、岩石などを収集し、分類する学問のことをいう。本書では後者の意味で使っている。

本書について

「教科書でタイトルだけは見たことがあるけれど、そういえば読んだことないなあ」昔からそういう本に興味を惹《ひ》かれる。片《かた》っ端《ぱし》から読みたくなるのだ。でも、困ったことがある。そういう本は、ほとんど例外なく、「読みにくい」のだ。分厚《ぶあつ》いし、言葉が難しいし、書き方がなんだか不親切だし……。ダーウィンの『種の起源』もそうだ。日本語訳もいくつか出ていて、それぞれ、できるだけわかりやすくなるように訳されているのだけれど、やっぱり読みにくい。もともとの英語を読んでみたら、「これは仕方ない」と納得してしまった。

一つひとつの文はいちおう意味がわかるのだけれど、全体として、何が言いたいのかがなかなか見えてこない。細かい研究成果がずらずらと書いてあり、科学に詳《くわ》しくない人間からすると、「なんでこんな研究しているの？」と思ってしまう。第1章からいきなり、鳩《はと》の話ばかり出てくるのに閉口《へいこう》する。「進化の話じゃないの？　イギリス人が鳩を飼《か》うのが好きなのはわかったけど、それが進化にどう関係あるの？」退《たい》屈《くつ》でたまらず、気づくと眠《ねむ》っている、その繰《く》り返《かえ》し。

テレビや新聞、インターネットなどを見ていると、どうもダーウィンという人、進化論が正しく理解されていないと感じることが多かった。「違《ちが》うなあ」と歯がゆい気持ちになるけれど、肝心《かんじん》の『種の起源』がこれでは、誤解されても無理はないかな、とも思う。なんとかならないだろうか。

そう考えだしたのは、もう10年くらいも前のこと。最初は自分で全部訳したいと思っていた。それで、仕事で知り合う編集者にいちいち「『種の起源』の新訳、出しませんか？」と言ってまわっていた。なかなか良い返事はもらえない。分厚い本だし、難解だし、すでに複数の訳が出ているし、そこにさらにもう1つ訳書が加わる、というのも、たしかに気が進まないだろう。

そこで思いついたのが、この「超訳《ちょうやく》」版である。今までも「解説本」というのはあって、それも面白かったけれど、もっと「読書している」という気分で読んでもらいたいと思ったのだ。ダーウィンの書いた文章を直接、読んでいるような、150年前の科学者と対話しているような、そんな気分で読んでもらえれば、と思う。そして、その経験をできるだけ若い世代の人たち（その代表として14歳《さい》のみなさんを目安にしている）にも一緒《いっしょ》に味わってほしい。この本、『超訳 種の起源』をきっかけに、進化論をもっと詳しく知りたい、と思う人が一人でも多く現れてくれれば幸いである。

14歳の頃

14歳の頃、自分はいったい、どんなふうだっただろうか。

あれこれと考えてみた。もう何十年も前のことで、かなり記《き》憶《おく》は曖昧だが、ひとつ、はっきりと覚えていることがある。それは、とにかく「作文が大嫌《だいきら》い」だった、ということだ。文章を書け、と言われても何を書いていいかわからない。良い文章と悪い文章の違いがわからない。自分の文章が良いのか悪いのかもわからないし、もし悪いのならばどうすれば良くなるのかもわからない。そんな状態だった。そもそも良い文章を書こうという意欲すらなかった。ただ、書けと言われるからいやいや書くだけである。内容など、どうでもいいから、ひたすら原稿用紙を埋《う》める、そういう感じ。そういう自分が今、文章を書いて生活をしている。本など出したりして。14歳の自分にそんなことを言ったらまず、信用しないだろう。人生は長い。何が起きるか、本当にわからない。

いろいろと調べてみると、チャールズ・ダーウィンも14歳の頃は、自分がどうなるのか、まったく見えていなかったようだ。勉強がさほど得意だったわけでもなく、ただ親が医者になれというから、仕方なくその道に進もうか、と考えるくらいしかできなかった。勉強が嫌いなほうがいい、というわけではないが、たとえ14歳のときにさほど優秀《ゆうしゅう》でなかったとしても、後になって大成する可能性はあるということだ。もちろん、ダーウィンのようになる人は、100年に一人、だろうが……。

種の起源

Title：On the Origin of Species by Means of Natural Selection
Author：Charles Darwin
published on 1859

第 *1* 章

人為選択《じんいせんたく》

多様性に富む飼育栽培《さいばい》生物

人間は、はるかな昔から動物を飼い、植物を栽培してきた。人間が飼育、栽培している生物は、自然界に存在する生物とは大きく違《ちが》っている。それはたとえば、飼育されている犬や猫《ねこ》、牛や豚などの動物を見ればすぐにわかることだろう。確かに、自然界に似た動物は存在するが、狼《おおかみ》と犬、あるいは猫と山猫ではかなり違っている。

そして、もうひとつ大事なことは、飼育栽培されている動植物の多様性である。同一種の動植物の中に何十もの品種が存在することもある。たとえば、最も馴染《なじ》みがあるのは犬だろう。ひと口に犬と言っても、グレイハウンドとブルドッグではまるで違う動物に見える。なんの予備知識もない人が両方を見て、同一種の動物だと判断する可能性は低い。

では、なぜ、飼育栽培されている動植物は多様性に富むものになるのか。それについてはさまざまな意見がある。この章では、この問題に関する私の見解を述べたいと思う。

私は、飼育栽培されている生物の多様性が増すのは、人間のせいではないかと考えている。人間がそう仕向けたのだ。もちろん、たんに犬を見て「大きくなれ」と願ったところで、それだけで大きな品種が生まれるわけではない。だが「大きい犬が欲しい」と願い、生まれた犬の中で少しでも大きいものに子供を産ませるということを何百世代、何万世代と続けてきたとしたらどうか。犬の身体は徐々《じょじょ》に大きくなり、やがて、元の犬からは想像もつかないような大きさになるのではないだろうか。

これは、人間の選択、つまり「人為選択《じんいせんたく》」によって、多様性が生まれているということである。人為選択には、意図的に行われるものと、無意識のうちに行われるものがあるだろう。たとえば、穀物《こくもつ》を栽培する場合のことを考えてみよう。穀物を栽培するのは食べるためだから、少しでも多くの実をつけるものが嬉《うれ》しいし、美味《おい》しい実をつけるものが嬉しいだろう。だから、多くの実をつけたもの、美味しい実をつけたものの種《たね》は大事にし、そうではない種は捨てるということをする人は多いはずだ。それが人間として自然な態度だろう。そうすれば穀物に変化が生じると知っていたかどうかは問題ではない。「少しでも多くの実をつけたもの、美味しい実をつけたものばかりを選んで植え続けていれば、どんどん収量は増え、味は良くなるはず」そう意識していたかどうかは問題ではないのだ。たとえ意識していなかったとしても、長い期間それを繰《く》り返していれば、人間の望む方向に生物は変化していくと考えられる。

わずかな差はどこから？

ただ、ひとつ大きな問題がある。同じ親から生まれた子供に少しずつ違いが生じるのはなぜか。ということである。たとえば、「少しでも大きな犬を選びたい」と思っても、そもそも、同じ親犬から生まれた子犬がすべて同じ大きさだったら選びようがない。人間が自分にとって好ましいものを選ぶにしても、まずは、同じ親から、好ましいものとそうでないものが生まれなければ不可能だ。つまり、人為選択が成り立つためには、たとえわずかであっても、子供が親とは違っていなくてはならないのだ。では、その変化はなぜ起きるのだろうか。

まず、言われるのは、飼育栽培されている生物のほうが、野生のものより、多様な環境《かんきょう》に置かれているからではないか、ということである。環境がいろいろなので、それに合わせてさまざまに変化したというわけだ。食物を過剰摂取《かじょうせっしゅ》しているせいではないかという意見もある。たしかに、人間が世話をしていれば、餌《えさ》をやったり、肥料を与《あた》えたりするのだから、自然界に置かれたものより、栄養は良くなるだろう。ただ、それが本当に動植物の形態、性質に影響《えいきょう》するかはわからない。

生殖器官《せいしょく》の攪乱《かくらん》？

もし、環境が本当に生物を変化させるのだとしたら、それはなぜか。最も可能性が高そうなのは、生殖器官の攪乱《かくらん》である。実際、生殖器官が環境の変化の影響を受けやすいということはすでにわかっている。動物を囲いの中に閉《と》じ込《こ》めると、たとえオスとメスが交尾をしたとしても、子供が産まれないことがよくある。植物の場合も、人間が栽培したときには、元気に成長しているにもかかわらず種子をつけないことが少なくない。これは、生殖器官に攪乱が起きていることを示す。生殖器官が攪乱されれば、たとえ子供が生まれたとしても、普通の状態とは違った子供になるということは大いに考えられる。まだ確実にそうであるという証拠《しょうこ》は得られていないが、一つの仮説として検討の余地はあるだろう。（注1-1）

この変化の中には、「奇形《きけい》」と呼ぶべきものも多く含まれている。ただ、奇形とそうでない変化の間に明確な差はない。両者は呼び方が違うだけで本質的に同じものである。ただ、その生物にとって害になるような変化を奇形と呼ぶというだけでのことだ。その判断は人間が勝手にしている。

飼育栽培されている生物の場合は、変化が人間にとって都合の良いものであれば、それが保存される可能性が高い。都合の良い変化を起こした個体を選んで繁殖《はんしょく》させようとするからだ。その繰り返しによって、変化は徐々に大きくなっていく。

変化の相関

生物の変化に関しては、「2つ以上の変化が同時に起きる場合もある」という点にも注意しなくてはならない。たとえば、目の青い猫が生まれると、その猫は例外なく耳が聞こえない。毛のない犬は必ず歯並びが不完全である。目だけが青くて、耳が聴《き》こえるという猫が生まれることはないし、毛がないのに、歯並びは完全という犬が生まれることはないのである。つまり、2つの変化が必ず同時に起きるわけだ。

こうした「変化の相関」により、飼育栽培生物の多様性はさらに増していると考えられる。ある変化を起こした個体を選んだら、人間にとっては不要な別の変化が同時に起きているということもあり得るからだ。何世代かを経るうちに、付随《ふずい》していたほうの変化も強調され、まったく思いがけなかった生物になることもあるだろう。

用不用説《ようふようせつ》

「身体の部位、器官、能力の中でも、よく使うものは発達し、そうでないものは衰《おとろ》えていく」そういう説を唱える人もいる。つまり、ある器官や能力を使うか使わないか、用／不用によって生物に変化が起きるというわけだ。この考え方にはたしかに一理ある。人間に飼われているアヒルと、野生のカモを比較《ひかく》すると、全骨格の重量に対する翼《つばさ》の骨の重量はアヒルのほうが小さい。また逆に、脚《あし》の骨の重量はカモのほうが小さい。カモはアヒルの原種だが、カモに比べるとアヒルは飛ばないぶん、翼は使わない。そのぶん、歩くことが多くなるので脚は使う。それが影響しているとも考えられる。

牛や山羊の場合、乳を絞《しぼ》る地方のものは、乳を絞らない地方のものに比べると乳房が大きく発達しているということもある。また、家畜《かちく》の中に耳が垂れているものがいるのは、耳の筋肉を使わなくなったためだ、という人もいる。人に飼われ、安全が保証されているために、耳をそばだてて危険を察知しなくていいから、というのだ。（注1-2）

変化が起きる本当の理由は謎《なぞ》

生物が変化する理由については色々な説があるが、今のところ、どれも推測にすぎない。なぜ変化が生じるのかは「まったくの謎」というのが正確だろう。私は今も研究中である。その中でいくつか知り得たこともあるので、詳《くわ》しくは第5章で説明することにする。(注1-3)

遺伝

生物がさまざまに変化を遂《と》げるために重要になるのは、「遺伝」という要素である。たとえあるとき、親と違った特《とく》徴《ちょう》を持つ子供が生まれても、その新たな特徴がその次の子孫に受け継がれなければ、意味はない。たんなる一時的な現象ということで終わってしまう。新しい特徴が遺伝するからこそ、それが蓄積して、長い時間のうちに大きな違いになる可能性も出てくる。

生物に遺伝という現象が起きることについては、まず異論はないだろう。子が親に似ることは、科学者でなくても、経験的に知っていることだからだ。しかし、この遺伝がどういう法則に従って起きるかは、今のところまったくわかっていない。厄介《やっかい》なのは、親の持つ特徴のすべてが子供に遺伝するわけではないということだ。まったく同じ特徴が、場合によって遺伝したりしなかったりすることもある。さらに、遠い祖先に存在してすでに消えてしまった特徴が、あるとき、突然、復活するということもある。父親に見られた特徴が、息子だけに伝わることや、母親に見られた特徴が娘だけに伝わることもある。また、父親だけ、または母親だけにしか見られなかったのに、子供の性を問わず伝わる特徴もある。そこには何か法則性があるはずなのだが、まだ、解明されてはいないのである。この問題についても第5章で詳しく触れる。(注1-4)

飼育鳩《ばと》の起源

私は飼育栽培生物の研究の対象として、主に鳩《はと》を選んだ。飼育鳩は英国人にとっては身近で、標本なども手に入りやすく、研究対象として都合よかったためである。研究のために、何人もの愛鳩家《あいきゅうか》と知り合ったし、ロンドンの2つの愛鳩クラブにも入会した。

飼育鳩の品種はじつに豊富である。尾羽《おばね》が孔雀《くじゃく》のようになったファンテール、頭部に肉だれがあるイングリッシュキャリアー、身体が大きく、長いくちばしと大きな足を持つラント、嗉嚢《そのう》(注1-5)が巨大《きょだい》なポウター、首の羽毛が逆立ち、フードのようになったジャコビンなど、すぐに思いつくものを並べるだけでも、どれだけ多様性に富んでいるかはわかる(図1-1)。

図1-1　多様な鳩の品種

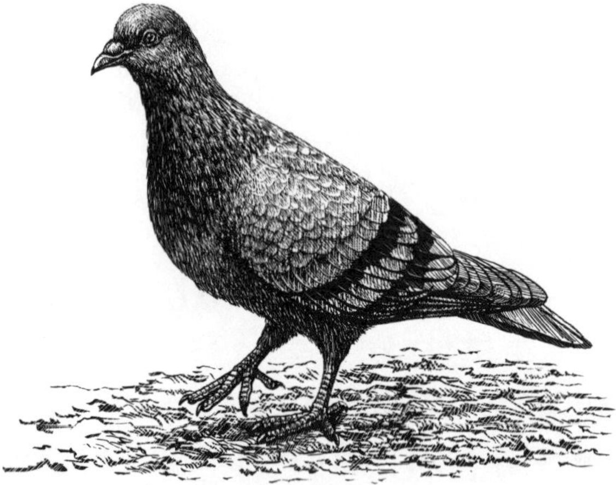

図1-2　カワラバト

飼育鳩を野生の鳥だと偽《いつわ》って鳥類学者に見せたら、少なくとも20種に分けるはずである。それどころか、複数の属に分ける鳥類学者もいるかもしれない。それほど、飼育鳩の品種ごとの違いは大きいのだ。

家畜には、必ず「原種」がいる。野生動物のうちのいずれかが人間によって選ばれ、飼育されているうちに、元の動物とは大きく違ったものに変わったのだ。では、飼育鳩の原種は、どんな鳥だったのか。多様な品種がいるからには、やはり原種も複数いるのだろうか。それとも、原種はただ1種で、その1種の鳥がこれほど多くの品種に分かれたのか。

私は、現在の飼育鳩の先祖は、カワラバト（図1-2）ただ1種だと信じている。それに賛成する研究者は多いはずである。なぜ、すべてがカワラバトの子孫だと言えるのか、その理由を簡単にまとめておこう。

もし、飼育鳩に複数の原種がいるとしたら、原種は少なくとも、7種か8種いたことになる。そうでないと、どんなふうに原種をかけ合わせてもこれだけの品種を作るのは無理だからだ。たとえば、ポウターという品種を作ろうとすれば、かけ合わせる原種の片方は巨大な嗉嚢《そのう》を持っていなくてはならない。そのように、際立った特徴を備えた原種が7つか8つ存在しないかぎり、今のような多様な品種はできない。しかも、そうした多数の原種が皆《みな》、「樹上に巣を作らない」、

「木の枝にとまらない」、「岩棚を好む」という性質を共通して持っていなくてはならない。現在の飼育鳩はすべてそうした性質を持っているからだ。ところが、この3つの性質を兼《か》ね備《そな》えた野生の鳩は、カワラバト以外にはほとんどいない。しかも3つの性質を兼ね備え、なおかつ現在の飼育鳩につながる特徴をわずかでも備えた鳩は、カワラバト以外にはまったく存在しない。

もしかすると、カワラバト以外にも、条件に当てはまる鳩がいるのに、誰にも発見されていないだけかもしれない。あるいは、以前は存在したが絶滅《ぜつめつ》したというだけかもしれない。しかし、その可能性は低いだろう。1種や2種ならともかく、7種、8種もの鳩がいっさい見つからないとは考えにくいし、たまたまその全部が絶滅してしまうとも考えにくい。そもそも、飼育鳩になるからには、最初に誰かが発見して採集しなくてはならないのだ。にもかかわらず、その後は原種の存在について皆が完全に忘れてしまったことになる。こんな偶然《ぐうぜん》がいくつも重なると考えるのは無理がある。すべての飼育鳩の共通の祖先がカワラバトであると考えるほうが自然なのだ。

一つの種から多様な生物が

この章では、飼育、栽培されている生物について書いてきたが、じつはそれ自体が目的なのではない。私が真に追求したいのは、「なぜ、この地球上にこれほど多様な生物がいるのか」ということである。人間に飼育、栽培されている生物が多様性に富むものであることはすでに書いた。そして、鳩の場合のように、たった1種の原種から、外見も習性も大きく異なる多数の品種が生まれる可能性があるということも書いた。

では、肝心《かんじん》の野生生物の場合はどうか。同様に、少数の生物から多様な生物が生じる可能性はあるのか。あるとしたら、それはどういう原理によるのか。それとも、古くから言われてきたとおり、すべての生物種は創造主が作ったもので、固定されていて、過去から現在にいたるまでまったく変わらないのか。そうしたことについて次章以降で検討することにする。

＜注1-1＞

本書の付録でも触《ふ》れているとおり、生物が変化する原因は、現在では主として遺伝子の突然《とつぜん》変異であるとされている。精子や卵子などの生殖細胞《せいしょくさいぼう》の遺伝子（DNA）に突然変異が起きると、生まれてくる子供は親と違《ちが》う性質を持つことになる。しかも、その性質は次の世代にも受《う》け継《つ》がれる。生殖器官の撹乱《かくらん》が生物に変化が起きる原因であるとしたダーウィンの推測はあながち間違《まちが》っていなかったと言える。

＜注1-2＞

現在、この「用／不用」説は否定されており、牛や山羊の乳房《ちぶさ》が大きくなった理由も、アヒルの翼《つばさ》が小さくなった理由も、自然選択《せんたく》で説明できると考えられている。

＜注1-3＞

本書の付録でも触れているとおり、生物が変化する原因は、主として精子や卵子などの生殖細胞の突然変異であるとされている。突然変異は、DNAのコピーのエラーや、放射線によるDNAの損傷などで起きる。

＜注1-4＞

こうした特徴《とくちょう》の中には、病気（遺伝病）も含《ふく》まれる。なかでも有名なのは、血友《けつゆう》病である。血友病を発症《はっしょう》するのはほぼ男性であり、女性はまず発症しない。これは、血友病を引き起こす遺伝子が必ず、性染色体《せんしょくたい》であるX染色体にあるからだ。血友病の遺伝子は劣性遺伝子なので、X染色体が2つある女性の場合は、どちらかのX染色体に血友病遺伝子があっても、もうひとつのX染色体になければ、発症しない。だが、男性の場合は、X染色体が1つしかないため、血友病遺伝子があるとただちに発症することになる。

＜注1-5＞

嗉嚢《そのう》は、鳥の消化器官《しょうかきかん》のひとつで、食物を一時的に貯蔵《ちょぞう》しておくことができる。

第2章

「種《しゅ》」とは何か

生物は多数の「種《しゅ》」に分かれている。それは誰《だれ》もが認めることだろう。人間と猿《さる》、犬と猫が別の種の動物であることを否定する人はおそらくいない。では、いったい、「種」とは何なのか。どのくらいの違いがあれば、生物は別の種であると言えるのか。じつのところ、その定義は曖昧《あいまい》である。何人かの生物学者に2つの生物を見せ、それが同じ種に属するのか、それとも別の種に属するのかを尋《たず》ねてみよう。答えが食《く》い違うことはおおいにあり得るだろう。そもそも、「種とは何か」という、根本的なことが明確になっていないのである。

変種と種

また「種」の他には、「変種」というものもある。ある生物に似ているが、少し違う生物、ただし「別の種」と呼ぶほどには違いがない生物は、「変種」とみなされる。とはいえ、どのくらい違えば変種で、どのくらい違えば別の種なのかは明確には決まっていない。なかには「交雑が可能ならば変種、そうでなければ別の種」と主張する人もいる。つまり、

・2種類の生物かけ合わせると雑種が生まれる。

・その雑種は生殖能力を持っている。

という2つの条件が満たされるならば変種、ということである。反対に、

・かけ合わせても雑種が生まれない。
・仮に生まれても、その雑種には生殖能力がない。

ということであれば別種、というわけだ。だが、実際には、すべての生物のあらゆる組み合わせについて誰かが確かめたわけではない。そんなことは不可能だろう。現に、従来、変種だと思われていた2種類の生物をかけ合わせても子供が生まれなかったり、逆に、別種だと思われていた2種類の生物をかけ合わせてみたら子供が生まれたり、ということはよく起きている。そのたびに分類を見直すというのも妙《みょう》な話である（注2-1）。

一般《いっぱん》に、よく調べられている生物は、わずかな違いでも別種とされやすく、反対にあまり調べられていない生物は、かなり大きく違っても変種にされてしまうという傾向もある。つまり、強い関心を持っている生物の場合は、わずかな違いも重要に感じるが、さほど関心のない生物であれば、大きく違ってもそれを重要とは感じないということである。客観的

事実ではなく、人間の興味や知識によって分類が変わってしまうのだ。また、2種類の生物の間に、その中間のような生物が多く存在すると、別種とはされにくい。中間的な生物が多くいると、どこから違う種とするのか明確な線引きをするのが難しくなってしまうのだ。

仮に、A、B、C、D、Eという5種類の生物がいたとしよう。AとEの違いが最も大きいとする。最もAに近いのがBで、最もEに近いのがD、そしてすべての中間に位置するのがCである。もし、AとB、BとC、CとD、DとEの間の違いがほぼ同じだったとしたら、この場合は、どこからが変種なのか、あるいはどこからが別種なのか。それともすべてを一つの種とみなすのか。決定的な判断のできる人はだれもいない。

個体差

そもそも、まったく同じ種とされる生物の中にも、「個体差」というものがある。個体ごとにわずかながら違いはあるのだ。それは私たち人間を考えてみるだけでもわかるだろう。同じ人間という種に属していても、瞳《ひとみ》の色や髪の色は違っているし、身長や手足の長さも違う。たとえ、同じ親から生まれた子であっても、数々の違いがあることは誰でも知っている。

しかも、そうした違いは、些細なものばかりとは限らない。生理学的、分類学的に重要と思える特徴に違いが見られることも決して珍しくはないのである。その事実は、数多くの生物の標本を集め、身体の重要な器官について丹念《たんねん》に調べればすぐにわかる。ただ、研究者の中に、そういう面倒《めんどう》な作業をする人間が少ないだけである。

たとえば、昆虫《こんちゅう》においては、同じ種でも神経の枝分かれパターンが個体によって違っていることがある。また、同じ昆虫の幼虫にもかかわらず、筋肉の構造が個体によって違っていることもある。

「同じ種の生物なら、重要な器官に個体差は生じない」という人もいる。だが、もしその人が同時に「個体によって違いが見られる器官は、生物にとって重要なものではない」という言い方をするのならば、それは循環論法であり、何も言っていないのと同じことになるだろう。重要な器官に違いを持つ個体が見つかった途端に、その個体を別種に分類するとでも言うのだろうか。

個体差の拡大が新たな種を生む

私は、個体差と、種の間の差に本質的な違いはないと見ている。個体差が何らかの理由で保存され、世代を経るごとに拡大していけば、やがて変種となり、さらに違いが拡大すれば、ついには別種となる、そういうことではないかと考えているのだ（注2-2)。

変種と種の間に、現在のところ明確な区別がないということはすでに書いた。私は、「変種」という呼び方自体、不適切ではないかとも思っている。現在、変種と呼ばれているものは、ある種の生物の個体差が一定以上に拡大したもののことである。そして、これは、いずれ新しい種を生むことにつながると思われる。つまり、「変種」は、新しい種の始まりとなるという意味で「開始種」という呼び方に変えたほうが適切かもしれないとも思う。

個体差の拡大が本当に変種や新種の誕生につながるとすれば、では、個体差はどのようにして拡大していくのか。その仕組みについては次章以降で詳しく説明することにする。

分布域の広さ、数の多さ

生物には、幅広《はばひろ》い地域に数多く存在するものもいれば、ごく限られた地域に少数しか存在しないものもいる。そのうちで、変種や新種を生じやすいのは、前者だろう。まず、数が多ければ、それだけ他と違った特徴を持つ個体が生まれやすい。個体差の生じる確率がどの生物でもだいたい同じなのであれば、違った特徴を持った個体の絶対数も当然、多くなるからだ。他と違った特徴を持つ個体が多ければ、そのぶん、変種も生じやすいはずである。さらに、分布する地域が広ければ、それだけ多様な環境にさらされる。生息する環境が多様であるということは、生存のために多様な生物と競争する必要があるということだ。競争相手は、場所によって少しずつ異なる。競争相手が違えば、競争に勝って生き残るために持つべき武器も少しずつ異なるだろう。その結果、個体差は大きくなり、それが拡大することで変種や、新種になるものも増えると考えられる。それに、もともと数が多ければ、他の生物との競争のうえで有利である。したがって、発生した変種が生き残り、新種になる可能性も高いと言えるだろう。

属の大きさ

生物を分類する際、「種」より一つ上のレベルとなるのが「属《ぞく》」である。簡単に言えば、属とは、似た特徴を持つ種の集合、ということになる。属の大きさは一定ではなく、何百種もの生物が含《ふく》まれる大きな属もあれば、たった1種の生物しか含まれない小さい属もある（注2-3）。

属に関しては、総じて、大きな属に含まれる種ほど、多くの変種を生じているということが言える。これは、逆に言えば、次々に変種が生じる属ほど、新しい種が多く生まれる、ということを示しているのだろう。同じ種の生物の中に個体差が生じ、それが変種になり、さらには種になる、という動きが盛んに起きているからこそ、大きな属が形成されているということだ。大きな属ほど変種が多いという事実は、変種と種の間に本質的な差はない、という私の考えが正しいことを示唆《しさ》していると思われる。

＜注2-1＞
「かけ合わせても雑種が生まれず、仮に生まれてもその雑種が生殖能力を持たない」ということを2つの生物を別種とみなす条件とする、という意見は現在でも残っている。ただ、この条件はあらゆる生物に適用できるわけではない。「種」の定義は現在でも不明確、ということである。

＜注2-2＞
この見解は、現在の目から見ても正しいと考えられる。

＜注2-3＞
「種」より一つ上のレベルが「属」であるというのは、現在も同じである。ただし、その上のレベルに関しては、ダーウィンの時代と現在とでは違いがある。現在の分類階級がどのようになっているかは、第13章の図13-1に示した。

第3章

生存競争

人間が飼育栽培している生物に多様性が生じるのは、人間が自分にとって好ましい個体を選び、それを繁殖させるからだ、ということは第1章で書いた。それはつまり、「人為選択」によって生物は変化しうる、ということである。では、自然界の生物についてはどうであろうか。同様のことが自然界の生物にも起きるのか、第3章と、第4章ではそれを書いていきたいと思う。

生き残るための競争

自然界の生物は、近くに生息するあらゆる生物と「生存競争」をしている。場所も食糧《しょくりょう》も有限である以上、すべてが生き残ることはできない。その場で生き残っていくためには、周囲の生物たちと争い、勝利しなくてはならないのだ。例外はない。どの生物も競争をしている。生存競争に勝ち抜《ぬ》き、子孫を残した生物だけが、長く生息することを許される。ただ、この生存競争というのは、多くの場合、「競争」という言葉からすぐに連想されるような直接的な「戦い」とは異なっている。たしかに、ときには、生物どうしが直接、戦い、敗者が勝者に食われることによって死ぬ、ということも起きる。これなら誰にでもわかりやすいだろう。しかし、じつは目に見えない間接的な競争のほうが多いと言える。生存競争が具体的にどのようなものかは、この後、詳しく書いていく。

生物の驚異《きょうい》的な繁殖力

ここでひとつ重要なことは、生物はどれも驚異的な繁殖力を持っている、ということである。もし、なんの妨《さまた》げもなく、産まれた子供がすべて成長したとしたら、わずかな期間でとてつもない数になってしまう。どれほど豊かな土地でも養えないほどの数になるのだ。仮に、この地球上に、1種の生物の1組の親しか存在しなかったとしても、計算上は、その子孫が地球を覆《おお》い尽《つ》くすのに長い時間は必要ない。人類は生物の中では繁殖の遅《おそ》いほうだが、それでもこの四半世紀で人口が倍増した（注3-1）。このまま増加が続けば、あと数千年で地球は人間で埋《う》め尽くされ、立錐《りっすい》の余地もない状態になる。たとえば、いつも種子を2個だけつける一年生の植物があったとして、その種子がすべて成長して2個ずつ種子をつけたとする。リンネ（注3-2）の計算では、20年でその植物は100万本に増えるという。現実には、種子を2個しかつけないような植物はなく、もっと多くつけるのが普通《ふつう》なので、これは非常に控《ひか》えめな試算ということになる。現在、知られている動物の中で最も繁殖が遅いのはゾウである。そのゾウですら、30歳《さい》から90歳までの間に3回の繁殖を行い、そのつど2頭ずつの子を生むとすれば（これはかなり少なく見積もっている。現実にはもっと多く生まれると思われる）、5世紀後には、1組の親から産まれた子孫が1500万頭にも達する。

生き残る個体は少数

いくら生物の繁殖力が驚異的だと言っても、実際に私たちが1種の生物の個体をそれほど大量に目にすることはない。それは、大量に産まれても、結局はその多くが早い段階で死んでしまうからである。食糧が手に入らずに死ぬ個体もあれば、他の生物の食糧になって死ぬ個体もある。生存競争に勝つ、というのは、食糧を十分に確保し、他の生物の食糧にもならないということである。そうして、同じ生物の他の個体や、他の生物たちとの競争に打ち勝った者と、その子孫だけが、この地球上に存在し続けられる。

自然に選ばれる

同じ生物の他の個体、あるいは他の生物との競争に勝つためには、その個体に何か特徴が必要である。個体自身の生存、そして、子孫を残すことに役立つ特徴が必要になるのだ。たとえば、同じ種の動物であっても、寒い所に暮らしているのなら、体毛が少しでも濃《こ》いほうが有利になる。寒さによく耐《た》えることで、体毛の薄《うす》い個体との競争に勝ち、子孫を増やしていく可能性は高い。

人間に飼われている動物の場合は、尾羽が美しい、など、人間にとって都合の良い特徴を持った個体が選ばれて子孫を増やすことがある。すでに述べたとおり、「人為選択」が行われるわけだ。これに対し、寒い所で体毛が濃い個体が生き残るというのは、いわば、その個体が「自然に選ばれている」わけである。私は、この現象を「自然選択」と呼びたいと思う。自然選択は、自然界に多様な生物が生まれるうえで重要な役割を果たしている、と私は考えている。自然選択については、次の第4章で詳しく触《ふ》れる。

必要な適応の度合い

自然選択というのは、その時々の環境に適応した生物を生き残らせることである。逆に言えば、適応できなかった生物は死に絶えるわけだが、どのくらい適応していれば生き残れるのかは、その時々の状況《じょうきょう》によって変わってくる。必ず一定以上、適応していなければいけないわけではないのだ。絶対的な基準があって、それを満たす必要がある、ということはない。

ある生物がある環境で生き残れるかどうかは、かなりの程度、他の生物との関係によって決まる。ある地域に、同じ物を食べる生物が2種いたとする。この場合、その2種は、食べ物をめぐって競合することになる。もし、その食べ物がふんだんにあれば両者は共存できるが、十分な量がない場合には、2種の生物のほんのわずかの差が生死を分ける可能性が高い。少しの能力差によって一方の生物が食物をまったく得られず、絶滅に追《お》い込まれることがありえるのだ。

気候の影響

生物の生存には、気候も大きく影響する。特に、極端《きょくたん》な寒さや乾燥《かんそう》は多くの生物の生存を脅《おびや》かす。たとえば、私の家の周辺では、1854年から55年にかけての冬の間に、鳥の数が5分の1にまで減少したと見られる（主として、これは春に作られた巣の数に基づく推測である）。つまり、じつに全体の80パーセントもの鳥が死んでしまったということだ。もしこれが人間の話だったとしたらどうだろう。人間なら、伝染病で全人口の10パーセントが死ねばもう大変な騒《さわ》ぎである。それを考えれば、気候の影響がどれほどのものかはわかってもらえると思う。

気候の影響で生物の数が減るのは、気候そのもののせいで生物の個体が死ぬからとは限らない。冬が寒かったとしても、寒さで凍《こご》え死んだとは限らないのである。むしろ、そうではないことのほうが多い。寒さそのものには十分に耐えられる能力があっても、大量に死んでしまうことがあるのだ。ひとつは、同じ地域に、より寒い気候に適応できる生物が大量にいる場合である。一定の面積の土地に生きられる生物の数には限界があるので、ある種の生物が大量にいれば、そのせいで大幅《おおはば》に数を減らす生物も出てくる。

南から北に移動すると、徐々に姿を見かけなくなる生物がいる。これはもちろん、気候の変化の影響だが、気候そのものが直接、影響しているとは限らない。気候の変化によって、ある生物種の個体数が極端に減った場合には、その競争相手や天敵が変化からなにかしら利益を得ていることが考えられる。

普通は、暖かいほうが生物は暮らしやすいだろうと考える。しかし、北から南へ向かうにつれて数が減る生物もいる。暖かい方が暮らしやすいというのは一般にはたしかに正しいのだが、問題は、「暮らしやすいのはどの生物も同じ」ということだ。暮らしやすければ、一定の面積あたりの生物の数は増える。つまり競争相手や天敵になり得る生物も増えてしまうわけだ。その影響で、南に行くと、特定の生物だけが極端に減るということが起きる。

個体の数と種の存続

ある生物の種が存続していくためには、どうしても、ある程度以上の数が必要である。個体数が少なければ、天敵にすぐに食べつくされてしまうし、競争相手との勢力争いにおいても不利である。数が多ければ、環境が急激に変化しても、全滅《ぜんめつ》はしにくい。

ただし、狭《せま》い地域にあまりに多くの個体が集まると、伝染病が発生して数が激減することもある。これは、伝染病を引き起こす寄生生物が個体から個体へと広まりやすくなるからだろう。伝染病が発生すれば、たしかに種の存続にとっては不利になるが、それでも通常は個体数が多いほど有利であるのは間違《まちが》いない。

生物間の複雑な関係

同じ地域の生物は互《たが》いに影響し合っている。それは明らかである。ただ、その影響関係は非常に複雑である。たとえば、誰が見ても、Aという生物がBという生物の天敵である、という場合には、両者間の影響はすぐにわかる。しかし、思わぬ生物が、まったく意外な別の生物に影響を与えていることもある。そのため、ごく短期間で土地の様相が一変してしまうことも珍《めずら》しくない。

スタッフォードシャーに私の親戚《しんせき》の地所《じしょ》がある。その地所には、人間の手が加わったことのないヒース（イギリス北部やアイルランドによく見られる、低い植物が群生した荒地《あれち》）がある。ただ、25年前にその一部が柵《さく》で囲われ、中にアカマツが植えられた。すると、驚《おどろ》いたことに、アカマツの近辺の植物の構成に顕著《けんちょ》な変化が起きたのである。それは、土壌《どじょう》が変わった場合よりも大きな変化だった。もともとあった植物の比率が大幅に変わったことに加え、普通はヒースでは見られない植物が12種類も繁茂《はんも》するようになった。さらに、これもヒースにはいないはずの食虫性の鳥も何種類か現れるようになった。この鳥の存在は間違いなく、その場にいた昆虫に影響を及《およ》ぼしたはずだ。

ヒースに囲いを設けるだけで、様相が大きく変わった例もある。サリー州ファーナム近くの広大なヒースの例だ。10年前に広い範囲《はんい》が柵で囲われたのだが、そこではアカマツが「密集している」と言っていいほど増えた。人間が種を蒔《ま》いたわけでも、植林をしたわけでもないのに、ただ柵で囲っただけで、アカマツが生えるようになったのだ。周辺の囲われていないヒースに、アカマツは1本もない。

ただ、柵で囲われていない他のヒースをよく調べてみると、思いがけないことがわかった。ところどころにアカマツの若木が見つかったのだ。ヒース本来の植物の間に隠《かく》れてわかりにくいが、たしかに若木はあった。ただ、そのすべてに、絶えず牛に食われてきた痕跡《こんせき》があった。つまり、自然の状態でも、ヒースにはアカマツが次々に芽生えているのだが、普通は牛が若木のうちに食べてしまうために成長できない、というわけだ。柵で囲い、牛を入れないようにすると、途端《とたん》にアカマツが大きく成長することになる。

このように、生物と生物の関係は複雑で、一見したところではまったくわからないことも多い。ある生物種が短時間のうちに絶滅したのに、原因は不明ということも少なくない。原因がよくわからないものだから、過去に多くの生物が絶滅したという証拠が見つかると、すぐに聖書に書かれているような大洪水《だいこうずい》のせいにする人がいる。生物種には寿命《じゅみょう》があるのだ、などと怪《あや》しげな説を唱える人もいる。だが、それではなんの説明にもならない。

生物は似た者ほど激しく競争をする

似ている生物は、通常、似たような場所を好み、似たようなものを食べる。つまり、似た生物が同じ地域にいれば、場所や食べ物などの資源をめぐって激しく競争をすることになる。この考えでいけば、じつは最も競争が激しいのは、同種の個体間、ということである。同種の生物なら、好む場所も、食べ物も、ほぼ重複するため、それを確保するためには、他種の生物間とは比べものにならないくらい激烈《げきれつ》な競争を強いられることになる。その次に競争が激しくなるのは、変種間だろう。同種の生物間ほどではないが、やはり好む場所や食べ物はかなり重複することになる。

また、これはつまり、はじめは同一の場所に類似の生物が2種以上いたとしても、その状態は長く続かないということだ。いずれは、どちらかが競争に負けていなくなる。したがって、今、ほぼどの土地を見ても、類似の生物が2種以上いるところはめったにないはずである。これは、生物間の競争により、生物の多様性は徐々に高まっていくということを意味する。同じ土地に共存しようとすれば、できるだけ、他の生物種と異なった習性、特徴を持っているほうが有利である。独自の習性や特徴を持っていれば、他の種と競合することなく、楽に生きて、子孫を増やしていくことができる。最初はわずかな種しか存在しなかったとしても、この競争の圧力により、長い年月のうちに、多種多様な生物が生じることになる。

競争への適応

生物間に、このような土地や食物をめぐる競争があることは、明らかに、生物の能力や生態に影響を与えていると言える。たとえば、タンポポの綿毛は、それだけを見れば、ただ空を飛ぶことに適応しただけに見える。だが、それだけではない。ここで問題なのは、「なぜ空を飛ぶ必要があるか」ということである。綿毛が空を飛べば、種《たね》は遠くまで運ばれる。近い場所には、同種、あるいは類似の植物の種が多く存在するだろうが、遠くまで行けば、競争相手となる植物が存在しないかもしれない。たくさん飛んで行った種《たね》のほんの一部でも競争相手の少ない土地に降り立てば、それだけ、タンポポが子孫を残す可能性は高まるだろう。こう考えると、タンポポが綿毛を作るのは、競争から逃《のが》れるための適応とも言えるのだ。こうした適応も生物に多様性をもたらすこと、多くの生物種を作ることにつながっていると言える。

＜注3-1＞
世界の人口は、長らく緩《ゆる》やかに増加しているだけだったが、18世紀の産業革命以後は急速に増加し始めた。20世紀はじめには16億人ほどだったが、現在では70億人を突破《とっぱ》している。これは、野生の動物のように抑制《よくせい》する力がはたらかないため、ほぼ本来の繁殖《はんしょく》力のとおりに増加している、ということだろう。

＜注3-2＞
カール・フォン・リンネは、18世紀の植物学者。当時までに知られていた動植物の分類表を作り、生物の分類を体系化した。「分類学の父」と呼ばれている。

第4章

自然選択

飼育栽培されている生物は人為選択によって、さまざまに形を変える。そして、すでに少し書いたとおり、自然界でもそれに似たことは起きている。人為選択の場合は、人間にとって好ましい特徴を持った個体が選ばれ、子孫を残す。それに対し、自然界では、生息する環境に合う特徴を備えた個体が生き残り、子孫を残す。これは、生物が「自然に選ばれている」と考えることもできるだろう。そこで私は、この現象を「自然選択」と呼ぶことにした。第4章では、この自然選択について詳しく書いていきたいと思う。

自然選択による変化は遅い

注意すべきなのは、自然選択による変化の速度が、人為選択に比べて非常に遅いということである。人為選択による変化は、一人の人間が一生の間に確認できるほどの速度で起きる。数年から数十年の間に新しい品種を作るということも可能だ。それに対し、自然選択による変化を一人の人間が一生の間に確認できることは稀《まれ》である。自分の周囲の動植物を思い浮《う》かべてみよう。以前と比べて明らかに形や習性が変わったと思うものはあるだろうか。以前はいなかった変種が生まれたという例はあるだろうか。そういうことは、ほとんどないはずである。

飼育栽培されている生物には、個体差がかなりある。そして、調べてみると、自然界の生物にも同様に個体差はあるようだ。にもかかわらず、自然界の生物に、飼育栽培されている生物のものほど急速な変化が生じないのはなぜか。それは、個体差の多くが、自然界では、生存にとって不利になるからである。

すでに書いたとおり、個体差の中には、「奇形」と呼んだほうが適切なものも多く含まれている。その個体差のせいで、環境に適応するための能力、他の生物との競争に打ち勝つのに必要な能力に問題が生じることも珍しくはない。そういう個体は長く生きられず、子孫も残せない可能性が高いのだ。そのため、個体差は一代で失われ、後の世代には引き継《つ》がれない。じつのところ、個体差の中に、その個体の生存を有利にするようなものはめったにないのだ。生存を不利にする個体差か、有利にも不利にもならない個体差が圧倒《あっとう》的多数を占《し》める。生存を不利にする個体差は、すぐに消え去るし、有利にも不利にもならない個体差も、自然が積極的に選び取ることはない。何世代か交雑を繰り返すうちに、その個体差は薄まっていくだろう。

だが、飼育栽培されている生物の場合は事情が異なる。人間は飼育栽培している生物をできるだけ保護しようとする。かなり大きな個体差があっても、利用価値さえ損なわれていなければ、すべてを保護し、子孫も残そうとする。自然界においては致命《ちめい》的になるような個体差も保存される可能性が高いのだ。たとえば、飼育鳩の中には、くちばしの長いものもいれば、短いものもいる。くちばしの長さくらいは些細《ささい》な違いのようだが、厳しい自然界では、このくらいの差が生死を分けることもある。事実、飼育鳩の中には、タンブラー種のように、雛《ひな》の時のくちばしの構造が他とほんの少し違うせいで、卵の殻《から》を自力で割ることのできないものがいる。自然界では、このような鳩はすぐにいなくなるはずだ。しかし、飼っている人間が卵の殻を割って孵化《ふか》を助けてやるので、生き残ることができる。そういうことが何世代も繰り返されれば、鳩の多様性が自然界よりもはるかに高くなるのは間違いない。

そう考えると、自然選択には、野生の生物の急激な変化を抑制《よくせい》するはたらきもあるということになる。私たちの目の前で生物がみるみる変わっていく、ということがないのは自然選択のおかげである、と言うこともできる。自然選択は、生物に多様性をもたらす一方で、生物の多様化を抑制するはたらきもしているわけだ。

変化の蓄積

先に書いたとおり、自然界では、一般に生物は急激には変化しない。だが、それでも、自然界には現在、多種多様な生物が存在する。それぞれが独自の素晴らしい特徴を備えている。たとえば、鳥の翼は、空を飛ぶのに非常に都合が良い構造をしている。ただ、この鳥という生物も、翼を持たない生物から生じたはずなのだ。私はそう考えている。たしかにそれは、にわかには信じがたいことだろう。あまりに信じがたいために、私の説を受け入れず、「やはり生物は創造主が作ったに違いない」と言う人もいるに違いない。誰かが意思を持って手を加えることなしに翼など作れるはずはない、というのである。

しかし、自然選択にはそんな、一見まったく不可能に見えることを実現する力があると、私は思う。なぜなら、「変化は蓄積される」からである。もちろん、なんらかの原因によって、翼のない生物に突然《とつぜん》、翼が生じることはありえないだろう。だが、後に翼につながるような、ほんのわずかな変化が生じ、少しでも生存に役立てば（少なくとも生存の妨げにならなければ）、その変化は保存されることになる。また何世代か経るうちには、その変化に、さらに別の変化が加わって、より翼に近づくこともあるだろう。それが何度か繰り返されれば、小さな変化の蓄積がついには大きな変化になるかもしれない。当然、そのためには、とてつもない数の世代が必要である。想像を絶する長い時間がかかる。だが、人間と違って自然には時間がふんだんにある。何百年、何千年という単位の時間では何もできないように見えても、百万年以上もの時間をかけるうちには、とても人為選択では不可能な大きな変化を生物にもたらすことができるのだ。

自然選択の力

このように、自然選択には、人為選択にはない大きな力がある。人為選択の場合は、人間の選択が基本になるため、人間の目につく表面的な特徴以外が変化することはあまりない。飼育鳩も、飼い犬も、表面的には、品種ごとにまるで別の生き物のように大きく違っているが、じつは体内の機能や、基本的な習性などはさほど違っていない。しかも、新たに獲得《かくとく》した特徴も、失われないように人間が常に注意していないと、違う品種どうしの交雑によって、短期間のうちに失われてしまう。

それ対し、自然選択による変化は、体内のあらゆる器官、あらゆる習性におよぶ。変化が長年にわたって蓄積されれば、いずれ元とは本質的に異なる生物も発生しうるのである。根本的に違った生物になれば、もはや元の種との交雑《こうざつ》は不可能になり、新たな特徴が薄められることはない。そうして、新たな種としての地位を確固《かっこ》たるものにするのだ。

自然界での居場所

生物が環境に適応するというのは、自然界に、自らの「居場所」を確保するということである。たんに、「環境に適応する」と言うと、同じ地域に生息する生物は皆、同じような特徴を持つようにも思えるが、実際にはそうではない。似ている生物は、必要とする資源も似通ってくるので、資源をめぐって激しい競争をしなくてはならない。似た生物が同じ地域に2種類いたら、両方が生き残るのは難しくなるだろう。しかし、他の生物と違った特徴を持ち、必要とする資源が他の生物と違っていれば、競争を回避《かいひ》できる。生き残る可能性が高まるのだ。「居場所を確保する」というのはつまりそういうことである（注4-1）。居場所が確保できた生物は残り、そうでない生物はいなくなっていく。長い時間が経過すれば、居場所が確保できている生物ばかりになるだろう。他と違った特徴を持った生物ばかりになるわけだ。これは一種の平衡《へいこう》状態である。いったん平衡状態になれば、なんらかの理由で環境が大きく変化するまでは、そのままの状態が続く。

変化の相関

生物には、2つ以上の変化が同時に起きる場合もある。それについてはすでに第1章でも触れた。目の青い猫が生まれると、その猫は例外なく耳が聞こえない。目が青くなる、という変化と、耳が聞こえなくなるという変化は常に同時に起きるわけだ。これは、飼育栽培されている生物ですでに確認されていることだが、自然界の生物でも同様のことが起きるのは間違いない（注4-2）。

自然界で、ある生物に同時に2つの変化が生じたとする。一方の変化が、その生物の生存に役立つものだったとしよう。もうひとつの変化が、生物の生存にとって害になるものだったとしたら、役立つほうの変化も保存されず、失われる可能性が高い。しかし、少なくとも、もう一方の変化が害にならないものであれば、2つの変化が保存されることになるだろう。変化が蓄積され、大きくなっていけば、2つの顕著な特徴を備えた生物になる。もし、私たちが、2つの変化の間に相関関係があることを知らずにその生物を見たとしたら、理解に苦しむことになるかもしれない。非常に目立つにもかかわらず、どう考えても生存に役立たない特徴を備えているからだ。環境に適応するうえで役立つ特徴が選択される、という私の説にとって脅威《きょうい》となる恐《おそ》れもある。だが、一見、何の役にも立たない特徴が、他の役立つ特徴との相関関係によって生じたとわかれば、私の説を否定する証拠とはならないだろう。

特定の時期にのみ現れる特徴

生物には、一生のうちの、ある特定の時期にだけ現れる特徴というのがある。たとえば、植物ならば、種《たね》の時期もあれば、発芽の時期、成長後の時期などがある。カイコなどの昆虫であれば、幼虫の時期や繭《まゆ》や蛹《さなぎ》の時期、成虫の時期がある。同じ生物でありながら、時期によって、見られる特徴はそれぞれに違う。同じ鳥でも、卵の時と雛の時とでは違うし、成鳥になってからでも違うだろう。羊や牛などの哺乳類《ほにゅうるい》にも、ほぼ成熟した後にはじめて角が生えるなど、時期による違いがある。

こうした特定の時期だけの特徴が保存される理由も、自然選択によって説明できる。ときには、そうした特徴が出現する時期がずれた個体が生じることはあるかもしれない。しかし、時期がずれてしまうと、その特徴は役に立たないうえ、ほとんどの場合は生存の妨げになるだろう。妨げになれば、個体はすぐに死んでしまい、子孫を残すことはない。そのため、大多数の個体においては、時期限定の特徴がそのまま保存されることになるのだ。

性選択

生物の中には、雄《おす》と雌《めす》が大きく違っているものも多い。孔雀などは、中でも有名な例だろう。雄は美しい飾《かざ》り羽を持っているが、雌には飾り羽はなく地味な姿をしている。雄の飾り羽が存在する理由は、自然選択ではうまく説明できないようにも思える。まず、飾り羽は、雄の孔雀が生きていくうえでなんら役に立っていない。飾り羽がなくてもなにも困らないのだ。むしろ、飾り羽があることで、目立ってしまい、捕《ほ》食者《しょくしゃ》に狙《ねら》われる危険性が高まっているとも考えられる。では、なぜ飾り羽は失われてしまわないのか。

私は、それを「雌が飾り羽を好むため」ではないか、と考えている。飾り羽が美しい雄の孔雀は、雌に好かれ、子孫を残しやすい。それで、飾り羽は失われることなく、残っていくというわけだ。この現象を私は「性選択」と名づけた。人為選択では人間が生物の好ましい特徴を選ぶわけだが、性選択においては、雌が雄の、あるいは雄が雌の好ましい特徴を選ぶことによって変化が起きるのだ。

雄と雌とで生物の外見や習性が異なる場合、その原因の多くは性選択だろう。その外見や習性が、個体の生存そのものに関係ない場合は、ほぼ間違いなくそうだろうと思う。
　ただ、性選択の影響力は自然選択よりも弱いと見られる。孔雀の雄が、飾り羽が美しいほど雌に選ばれやすいとしても、最も飾り羽が美しい雄だけが雌と交尾《こうび》できるというわけではない。美しさがやや劣《おと》る雄でも、数は少ないものの、通常は子孫を残すことができるのだ。そのため、飾り羽の美しさの個体差は、何世代を経てもかなり大きいままになる。

花と昆虫

　植物の中には、花から甘《あま》い蜜《みつ》を出すものが多くある。そして、この蜜を好む昆虫は多い。蜜が花びらの根元から出る場合には、昆虫は蜜を求めて花の奥深《おくふか》くまで入り込む。その時、昆虫には花粉が大量に付着するのだ。昆虫が移動して、同種の別の花に入り込んだとすると、結果的に花粉が別の花の雌《め》しべにまで運ばれることになる。つまり、同種の別個体間で受精《じゅせい》が起きるのだ。いわゆる「交雑」が起きるわけだ。あとで詳しく述べるが、交雑が起きると、同じ個体の雄《お》しべと雌《め》しべで受精した場合（自家《じか》受精）よりも、次世代の植物は丈夫《じょうぶ》になる。今まで調査した範囲では、どうもそのようである。もし、そうだとすれば、昆虫の行動が昆虫自身《じしん》だけでなく、植物にとっても利益になっているということだ。蜜を多く出すほど、多くの昆虫を引きつけ、丈夫な子孫を増やせる。なかには、雄《お》しべと雌《め》しべの配置が、特定の昆虫の身体の形状に合っている、という植物も存在する。花の形状により、特定の昆虫だけが蜜を吸えるようになっているという植物まで存在するのだ。

そのことは、たとえば、クリムゾンクローバーとアカクローバーという2種類のクローバーを見てみるとわかる（図4-1）。この2種類の植物は、見た目にはさほど変わりがない。このうち、アカクローバーの蜜を吸えるのは、マルハナバチという蜂《はち》だけである。ミツバチは、クリムゾンクローバーの蜜は吸えるが、アカクローバーの蜜は吸えない。これは、マルハナバチとミツバチの口吻《こうふん》の形状が少し違うためである。マルハナバチの口吻はアカクローバーの花に合った形になっているのだ。

もし、アカクローバーの咲《さ》く土地からマルハナバチがいなくなってしまったらどうなるだろうか。多くは子孫を残せずに死に絶えてしまうだろう。ただ、ミツバチでもなんとか蜜が吸えるような個体が少しでも含まれていたら、子孫を残せるかもしれない。個体差のおかげで絶滅を免《まぬが》れるわけだ。その後は、ミツバチにとって蜜が吸いやすいほど有利になるので、時間の経過とともにそうした個体差が蓄積され、いずれはまったく違う種に変化することもあるだろう。このよう

図4-1　クリムゾンクローバーとアカクローバー

に、植物と昆虫が、単独に変化するのではなく、互いに適応し合うよう、ゆっくりと変化していくこともありえる。

地質学者、チャールズ・ライエルは、「斉一説《せいいつ》」を唱えた。「自然界の法則は過去も現在も不変である」という説だ。この説によれば、山や渓谷《けいこく》などの地形は、聖書にあるような一度の天変地異《てんぺんちい》（現在の自然法則では説明できないような天変地異）でできたわけではなく、ほんのわずかな変化が長い時間をかけて蓄積されることによりできあがったということになる。斉一説に対しては当初、強い反発があったが、今では広く受け入れられている。私は、生物に関しても、この斉一説が適用できると考えているのだ。どんな生物も、一度に生じることはなく、わずかな変化の蓄積によって生じたということだ。そして、今日も、そのわずかな変化は続いている。

交雑

多くの生物は雌雄《しゆう》に分かれていて、2つの個体が結ばれてはじめて、子孫が生まれるようになっている。雌雄同体の生物も少なくないが、たとえ雌雄同体であっても、普通は単独での繁殖（自家受精＝植物の場合は、同じ花の雄《お》しべと雌《め》しべで受精すること。動物の場合は、雌雄同体動物がひとつの個体で受精を完結させることを指す）をせず、やはり2つの個体が結ばれるかたちで繁殖をするものが多い。単独で繁殖をするほうが簡単で効率的にもかかわらず、わざわざ2個体が結びつくのだ。自然界には、なぜこのように面倒な方法で繁殖するものが多いのか、ここではその理由を考察《こうさつ》してみたい。

ここで重要になるのは、ひとつの事実である。動物でも植物でも、血縁関係の遠いものどうしが交配した方が、健康で繁殖力の高い子供が生まれるということだ。これは、私が飼育栽培生物について調査した範囲では一貫《いっかん》して見られる傾向《けいこう》である。植物には、自家受精の可能なものも多いが、自家受精だけで子孫を存続させることは難しい。

同じことは、おそらく、自然界の生物についても言えるだろう。現在のところ、まったく理由はわからないが、ともかく一般に生物は血縁《けつえん》関係の遠いものどうしが交配したほうが健康で繁殖力の高い子孫が生まれるのだ。また、たとえ雌雄同体の生物であっても、自家受精をすると、子孫が健康に育たないか、繁殖力が弱くなってしまうことが多い。多くの生物が雌雄に分かれ、たとえ面倒で非効率でも、2個体の結びつきによって繁殖をする理由はここにあるのだろう。なぜ、血縁関係が遠いほうがいいのか、ということについては今後、研究を進めなくてはならない（注4-3）。

新しい種が生まれやすい状況

これまで書いてきたとおり、新種の生物は自然選択によって生じると考えられるが、新種の生まれる頻度《ひんど》はいつでも同じというわけではない。まず、既存《きそん》の生物種の個体数がある程度以上、多くないと新種は生まれにくい。数が多いほど、親と違った特徴を持った個体が多く生まれることになる。そのなかには、生存や繁殖に有利な特徴もあるだろう。特に、個体差が生じた結果、元の種とは違った資源に依存《いぞん》して生きられるようになった場合には、変種や新種へと発展する可能性が高くなる。元の種とは違った「居場所」ができるからである。同じ地域で元の種と競争することなく共存できるのだ。

また、既存の生物種の分布範囲が広い場合にも、新種は生じやすくなる。分布範囲が広ければ、その範囲の環境は多様なものになるはずである。地域ごとに環境が異なるはずだからだ。だとすれば、環境に適応するうえで有利になる個体差も、地域ごとに異なってくる。有利になる個体差、保存される個体差が地域ごとに違っていれば、その違いは徐々に大きくなり、いずれ、変種や新種の誕生につながるだろう。

地理的隔離《かくり》

大洋に浮かぶ孤島《ことう》など、他から隔離された地域では、生物はどのように変化するだろうか。隔離された地域がさほど広くなければ、環境は一様であることが多い。だとすれば、自然は、その一様な環境に合った生物を選択するはずである。そして、いったん安定すれば、その後は、どの生物にもあまり変化は見られないに違いない。たとえ個体差が生じても、元の種よりも優位になる可能性は低い。仮に、なんらかの理由で環境が急激に変化したとしても、他の地域から生物が移住してくることはないので、元の生物が一掃《いっそう》される恐れは少ないだろう。よそからやってきた生物との競争にさらされることがないので、新しい環境に適応するまでに、時間をかけることができる。まったく適応できない個体はすぐに死んでしまうが、なんとか適応した個体がわずかでもいれば、ゆっくりと時間をかけて適応度を高め、いずれは数を回復することになる。

そのような状態が長く続けば、孤島の生物たちは、他の地域の生物とはまったく異なる独自のものばかりになるだろう。現に、たとえば、オーストラリアの生物は、他の大陸のものとは大きく異なっている。長年、地理的に隔離されてきた結果、生物たちは他とは違う独自の変化を遂げることになったのだ。

注目すべきなのは、地理的に長らく隔離されてきた地域に、他の地域の生物を持ち込むと、土着の生物との競争に打ち勝って急速に数を増やすことが多いということである。オーストラリアでも、人間が他の大陸から持ち込んだ動植物が、土着の生物を駆逐《くちく》するということがよく起きている。

これはおそらく、広い地域に生息する生物のほうが、厳しい生存競争に打ち勝ってきたためだろうと思われる。隔離された地域では、生存競争はさほど厳しくはならない。したがって、他の地域の生物が突如《とつじょ》、侵入《しんにゅう》してきた場合には、とても太刀打ちができないのだろう（注4-4）。

自然選択による絶滅

すでに述べたとおり、どの生物も、短い期間にとてつもない数に増える潜在《せんざい》力を持っている。そのため、ちょっとした環境の変化で、特定の生物が有利になり、急激に数を増やすということが比較的、簡単に起きる。ある生物が急激に増えれば、同じ資源に依存する生物は急激に数を減らす可能性が高い。時には、絶滅することもある。依存する資源が似ている生物というのは、多くの場合、近縁《きんえん》の種である。つまり、いずれかの生物が急激に増えれば、その生物の近縁の種が数を減らし、絶滅することが多いのだ。そのようにして、これまでも多くの種が絶滅してきたと考えられる。

自然選択により、いずれかの種が選ばれるというのは、選ばれなかった種は滅《ほろ》びる、ということでもある。生物の多様化の歴史は、絶滅の歴史と言ってもよいかもしれない。

生命の樹

生物は、他と違った特徴を持っているほど長く生存しやすい。また、どの生物にも個体差はあり、有利な個体差であれば、何世代も保存されていくだろう。時間が経つうちに、個体差は蓄積され、元の種との違いは徐々に大きくなっていく。先にも書いたように、似ている生物ほど厳しい生存競争にさらされ、数を減らすことが多いので、少しでも元の種との違いが大きいほうが生存上、有利になると言える。そのことも、個体間の違いをさらに大きく広げる後押《あとお》しをするだろう。ついには、元の種との関係が一見したところではわからないほど、違いが大きくなり、別の種と呼ぶにふさわしいものになる。その途上《とじょう》でいくつも中間的な生物が生まれるはずだが、後から生まれた者との競争に敗れ、すぐに姿を消してしまう。こうして生物は徐々に多様性を増していく。

このように多様性を増していく様子は、樹木の枝分かれにたとえることができる。私は、この樹木を「生命の樹」と呼んでいる。図4-2（p.100－101）は、生命の樹の例である。図のAからLは、いずれも、大きな一つの属に含まれる種を表している。種間の違いは一定ではない。違いの大きさは距離《きょり》で表してある。たとえば、AとBの距離は近いので、2種の違いは少ないことになる。逆に、FとGの間の距離は遠いので、2種の違いはAとBの違いに比べて大きいことになる。ローマ数字を付けた横方向の線は1本が約1000世代と考えて欲しい。つまり、Ⅰの時点で最初の時点から1000世代、Ⅱの時点で2000世代、というふうに、上へ行くほど世代が後になるわけだ。そして、図の最も上が現代であるとする。

この中では、AとIという2つの種を、元々、個体数が多く、個体差も多く見られる種であると仮定している。個体差が多いと、そのぶん、保存され、蓄積される個体差も多くなるため、多様性が増し、枝分かれが進むことになる。図に示したとおり、いくつもの枝、つまり変種が生じるのだ。横に数字の付いた小文字のアルファベットはそうした変種を表している。総じて言えば、元の種との違いが大きい変種ほど競争上、有利になり、さらに枝分かれをして変種を増やしていくことになる。

もちろん、物事には例外というものがあるので、枝分かれをまったくせずに世代を重ねていく種もあるだろう。この図では、Ｆという種がそれにあたる。多くの変種に枝分かれしたＡとＩはもともと、かなり違いの大きい、関係の遠い種で、Ｆはその中間に位置する種だったと考えられる。そして、おそらく、Ｆの子孫（原種からほぼ変化していない現存種）であるF^{14}は、ある程度、Ａから生じた変種（a^{14}など）と、Ｉから生じた変種（n^{14}など）の中間的な性質を持っているだろう。だが、ＦはあくまでＡとＩの中間種であり、a^{14}やn^{14}からはかなり遠い種であるはずである。

ＡやＩの系統は現在のところ繁栄《はんえい》していると言えるし、おそらく今後も繁栄を続けると思われる。だが、本当にそうなるかどうかは誰にもわからない。これまで繁栄してきたＡの系統が突如、滅び、細々と生き残ってきたＦの系統が繁栄を始めることもあり得ないとは言えないのだ。ひとつ確かなことは、生物種のうち、遠い未来まで子孫を残せるものは、ごく少数であるということだ。数多くの種が生じても、長い時間のうちには、その大半が絶滅してしまう。太古に存在した種のうち、現在も子孫が生き残っているのは、ほんのわずかだろう。どの時代にも、今と同じくらいの種類の生物が存在したのだろうが、その大部分が滅びてしまって現在はその痕跡すら残っていない。私たちには決して知りえない生物がはたして過去にどれほどいたか、まったく想像することもできない。

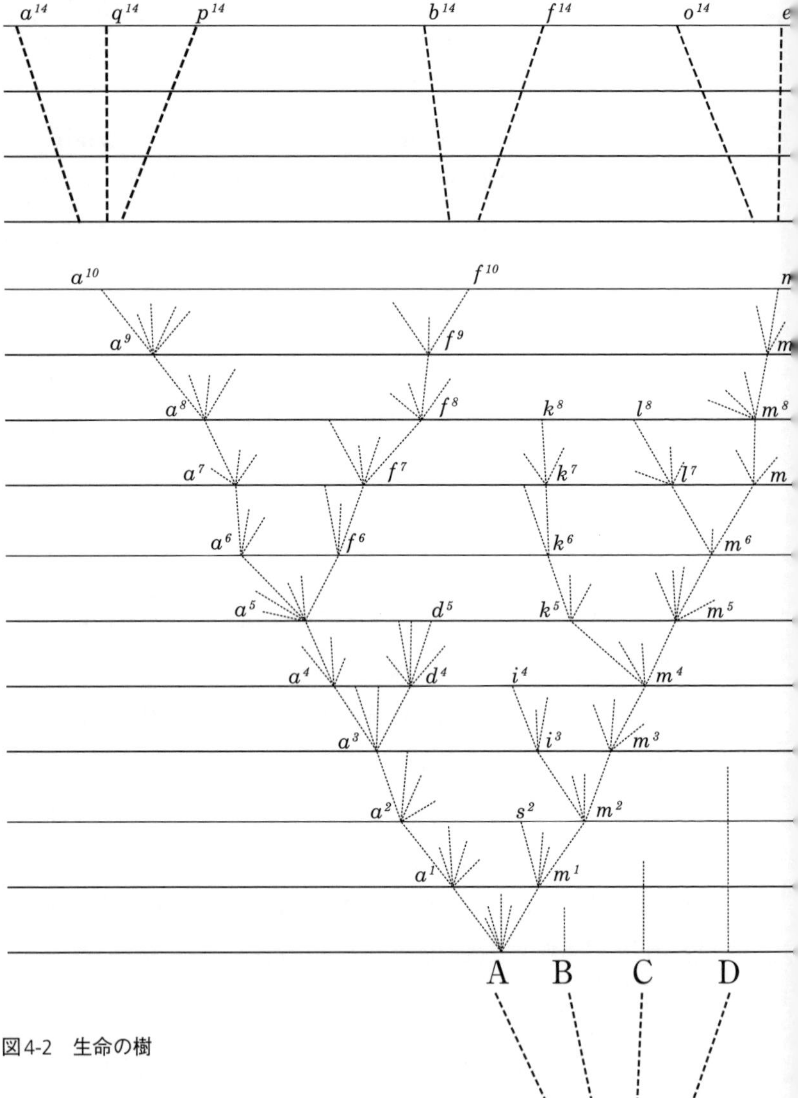

a14 q14 p14 b14 f14 o14 e
a10 f10 m
a9 f9 m
a8 f8 k8 l8 m8
a7 f7 k7 l7 m
a6 f6 k6 m6
a5 d5 k5 m5
a4 d4 i4 m4
a3 i3 m3
a2 s2 m2
a1 m1
A B C D

図4-2　生命の樹

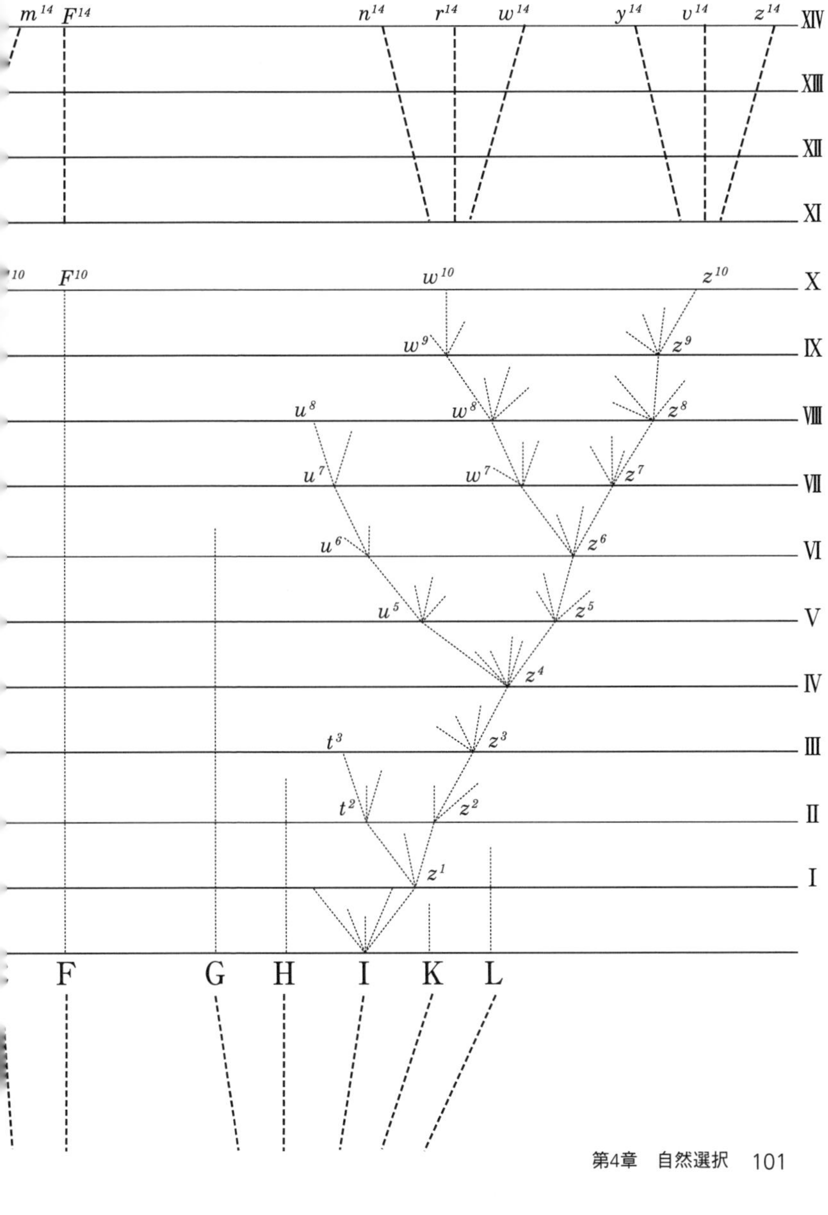
m14
F14
n14
r14
w14
y14
v14
z14
XIV
XIII
XII
XI
F10
w10
z10
X
w9
z9
IX
u8
w8
z8
VIII
u7
w7
z7
VII
u6
z6
VI
u5
z5
V
z4
IV
t3
z3
III
t2
z2
II
z1
I
F
G
H
I
K
L

＜注4-1＞
この生物の「居場所」のことを、生物学の用語では「生態学的地位（ニッチ）」と呼ぶ。

＜注4-2＞
現在でも、猫《ねこ》の青い目と難聴《なんちょう》が同時に起きることは、よく知られている。ただ、これは品種にもよるようで、例外なく、というわけではないようだ。また、目が青いだけでなく、毛が白いと耳が聞こえない可能性が高いと言われている。

＜注4-3＞
現在では、血縁《けつえん》関係が近いと実際に問題が起きやすいことが、遺伝子のレベルで確かめられている。遺伝子は、父親と母親から受け継ぐものだが、そのなかには「優性《ゆうせい》遺伝子」と「劣性《れっせい》遺伝子」という2つの種類がある。前者はどちらか一方の親から受け継ぐだけで機能する遺伝子、後者は、両方の親から同時に受け継がないと機能しない遺伝子だ。遺伝子には病気を引き起こすものも含まれているが、もしそれが劣性遺伝子であれば、父親と母親の両方から受け継がないかぎり、発病することはない。だが、両親から同時にその遺伝子を受け継ぐと発病してしまうのだ。両親の血縁関係が近いと、どちらもが同じ病気の遺伝子を持っている可能性が高くなる。劣性遺伝子がそれ自体、必ず悪いものというわけではないが（名前のせいで誤解されやすい）、たまたま悪いものが含まれていた場合に、両親の血縁関係が近いと、2つ揃《そろ》ってしまいやすいのだ。両親の血縁関係が遠いほうがいい、というのは、たとえばそういう理由からである。

＜注4-4＞
日本も、他の陸地から隔離《かくり》された島国だが、やはり同じことが言える。日本の土着の生物は、よく似た外来生物が人間の手によって持ち込《こ》まれると、短期間に急激に数を減らすことが多い。

第5章

生物変化の法則

すでに書いたとおり、生物は、自然選択により、多様性を増していく。まず、個体差が生じ、その中で好ましいものが自然によって選択される。選択された個体差は、時間とともに蓄積され、徐々に元の生物との違いは大きくなっていく。ついには、別の種と呼べるほどに違った生物になる。そういうことが、生物の歴史の中で無数に繰り返されてきたのだ。

だが、問題は、そもそも、個体差が生じるのはなぜか、ということである。もし、個体差がまったく生じなければ、生物はこれほど多様にならなかった。変化のためには、どうしても個体差が必要だったのだ。しかも、その個体差は、次の世代へと引き継がれるものでなくてはならなかった。せっかく個体差が生じても、それが子孫に引き継がれなくてはすぐに消えてしまう。個体差が生じる理由は今のところまったくわかっていない。どのように次世代に受け継がれるのかもわかっていない。この章では、まず、その点についての私の現状での見解を述べる（注5-1）。その後、生物に起きる変化にどのような法則があるか、今のところわかっていることをまとめてみたいと思う。

環境の影響で生物が変化する

生物は、気候や食物など、生息場所の環境の影響を受けて変化すると考えている人も多い。環境に合わせて変化する、ということだ。しかし、はたして本当にそうだろうか。今のところ、環境の変化が生物にどれほど影響するかはわかっていない。

たしかに、環境に合わせて変化したように見える例は少なくない。たとえば、貝類の場合、南に住むものや、浅い海に住むものは、北に住むもの、深い海に住むものに比べて鮮《あざ》やかな色をしている。昆虫の中にも、海のそばで生息すると体色が変わるものがいる。海岸近くで育った場合にだけ葉が多肉質になる植物もいる。大陸に生息する鳥は、島に生息する鳥より色鮮やかであるという話もある。

だが、こうした変化が環境の直接の影響によるものかどうかはわからない。南の浅い海で明るい光に照らされると、貝が色鮮やかになる、などということが本当にあるのだろうか。寒い土地に住む動物ほど、毛皮が厚くなることは、毛皮職人なら知っていることだが、「気温の低さ」に反応して毛皮を厚くする能力が動物に備わっているかは疑問である。現状では、そういうことがいっさいない、と断言できるだけの証拠を私は見つけていない。しかし、環境が直接に影響して生物が変化することは、たとえあっても少ないのではないかと私は考えている。

2つのまったく異なった環境下で、同じ種からよく似た変種が生まれたという例は珍しくない。逆に、ほとんど同じような環境にもかかわらず、同じ種から大きく違った変種が生まれたという例もあるのだ。この事実を見ると、少なくとも、環境が直接に影響することなく、生物が変化することはあり得ると考えられるだろう。

もちろん私も、環境が生物に影響しないと言っているわけではない。ただ、多くの場合、影響は間接的なものであると思う。第1章ですでに述べたとおり、生物の生殖器官は、環境の変化に影響されやすい。それは確かである。個体差の多くは、この生殖器官の撹乱によって生じていると思われる。ただし、個体差は、たとえば、「寒い時に毛皮が少し分厚くなる」というような都合の良いものであるとはかぎらない。むしろ生物が生きていくうえで不都合なもの、あるいは好都合でも不都合でもないものが多いだろう。仮に毛皮が少し分厚くなったとしても、それは偶然にすぎないと考えられる。とはいえ、毛皮が少し分厚くなった個体は、そうでない個体よりも生き延びて子孫を残す可能性が高い。毛皮が厚くなるという変化が蓄積され、元の種よりも明らかに毛皮の分厚い変種が生まれれば、私たちの目には一見、「寒いから、その寒さの影響で毛皮が分厚くなった」ように映るだろう。正確には、寒さは、毛皮の厚さに間接的に影響したにすぎないとしても、直接的な影響との区別は容易ではない。だが、先に書いたとおり、環境の変化に無関係に変種が現れている例も少なくない。それを考えると、環境が生物を変化させる力は意外に強くない。それだけは確かのようだ。

使わないと小さくなる?

第1章でも触れたとおり、家畜の場合は、身体の中でもよく使う部分が大きく強くなり、使わない部分は弱く小さくなる。しかも、そういう変化は親から子へと遺伝する。そのことは、これまでの観察から明らかだ。しかし、自然界の生物の場合はどうだろうか。はたして同じことが言えるのか。

こういう話で真っ先に思い浮かぶのは、「飛べない鳥」だろう。鳥は飛ぶものであると思いがちだが、飛べない鳥は案外多い。まず、肉食獣《にくしょくじゅう》のいない大洋の孤島に住む大型の鳥には、翼がほとんどなく、飛べないものが多くいる。これはおそらく、襲《おそ》われる危険がなく、飛んで逃《に》げる必要がなかったためと思われる。翼は、使われなかったために弱く小さくなり、ついにはほぼなくなってしまったというわけだ。同じ飛べない鳥でもダチョウの場合は、大陸に住んでいるので事情が違う。近くに肉食獣がいるからだ。ただ、ダチョウは、脚が速く、空を飛んで逃げることはできなくても、走って逃げることができる。また、脚の力が強いので、敵を蹴《け》って撃退《げきたい》することも可能だ。現在でも地上で採食《さいしょく》する大型の鳥は、危険から逃れるとき以外はほとんど飛ぶことがない。ダチョウの祖先もそういう鳥だった可能性はある。そして、偶然、飛ばずに捕食者に対抗《たいこう》できたために、使う必要のない翼は徐々に小さくなっていったとも考えられる。

その他、フンコロガシなどの例もある。フンコロガシの前肢《ぜんし》には、他の昆虫と違い、末端《まったん》の節が欠けていることが多い。生きている間に脚の先が切断されたフンコロガシがいて、それが子孫に遺伝された、と考える人もいる。しかし、おそらくそんなことはないだろう。後ろ足で動物の糞《ふん》を転がすフンコロガシは、前肢の先を必要としないために、徐々になくなっていったと考えるべきかもしれない。

このように、ある器官の「使用／不使用」によって生物に変化が起きるという考え方は、「自然選択」とは別のものである。生物の変化は主として自然選択で起きるはずだが、今のところは、例外的に「使用／不使用」によるものもあるかもしれないと私は考えている。とはいえ、「使用／不使用」による説明は安易に使うべきではない。一見すると、「使用／不使用」で説明できそうでも、実際には、自然選択の理論で説明すべき場合も多い。その例を次に紹介《しょうかい》しよう。

飛べない甲虫《こうちゅう》

北大西洋上の島、マディラ島には、550種ほどの甲虫がいるが、そのうちの約200種は、翅《はね》に欠陥《けっかん》があり、飛ぶことができない。これは、「翅を使うことが少なかったので衰えたのだ」と説明できそうにも思える。だが、ここでひとつ注目しておくべき事実がある。甲虫は風に飛ばされ、海に落ちて死ぬことが多い、ということだ。それは世界各地の甲虫に共通して言えることである。マディラ島は、孤島のため、吹《ふ》きさらしの状態にあり、強風が吹くことが多い。危険なので翅のある甲虫でも、風が吹いている間は、ほとんどは隠れていて、飛ぶことがない。そもそも、生きるために頻繁《ひんぱん》に飛ぶ必要のある甲虫はマディラ島には少ない。総合して考えると、まず、よく飛び回る甲虫は、風に飛ばされて死んでしまい、子孫を残せなかったということだろう。そして、たまたま翅に欠陥があり、飛べなかった甲虫は、飛ばされて死ぬことがほぼないので、子孫を多く残すことができたということになる。

マディラ島には、翅が小さくなるのではなく、逆に大きくなった昆虫もいる。これも、じつは、甲虫の翅が小さくなったのと同じ理由からだと思われる。絶えず強い風が吹く島では、まったく飛ばないか、それとも、風に対抗して飛べるだけの飛行能力を持っているか、どちらかでないと生き延びるのは難しいだろう。たとえば、花の蜜を吸う蝶《ちょう》や蛾《が》の場合は、空を飛ばないわけにはいかないので、後者を選ぶ他ない。飛ぶ力が弱く、風に簡単に飛ばされるものは、死んでしまい、子孫を残せない。飛ぶ力が強く、風に飛ばされないものほど有利なので、時間が経つほど、翅は大きくなっていくと考えられる。このように、理由は同じにもかかわらず、まったく逆のことが同時に起きることもありえるわけだ。

これは、海岸の近くで船が難破した船員に似ているかもしれない。泳ぎの得意な船員は、泳いで少しでも陸に近づけば、助かる確率は上がる。逆に、泳ぎが苦手な船員は、まったく動かずに船の残骸《ざんがい》にでもつかまっていたほうが助かる確率は上がるだろう。

モグラの目はなぜ退化したか

モグラなど、地面に穴を掘《ほ》って地中で暮らす動物の中には、目が退化して小さくなっているものが多い。目が皮膚《ひふ》や毛に完全に覆われてしまっているものもいる。なぜこうなったのだろうか。「使用／不使用」によって説明することもたしかに可能かもしれない。地中は暗いので、目を使うことはまずない。使わなかったため、衰えたということだ。

だが、これを自然選択の理論で説明することもできる。その根拠《こんきょ》は、南アメリカに生息する「ツコツコ」というげっ歯類である。このツコツコもやはり、モグラのように地中で生活する。ツコツコをつかまえて調べてみたところ、やはり目が見えないようだった。しかし、解剖《かいぼう》してわかったのは、目が見えないのは、瞬膜《しゅんまく》（まぶたの下にある透明《とうめい》な膜《まく》。開閉できる）が炎症《えんしょう》を起こしていたせいだということだ。地中にいると、目は炎症を起こしやすいのだろう。身体のどこであれ、炎症を起こすのは不利益に違いない。そして、炎症を起こすのは目があるからで、もし目がなければ炎症を起こすことは絶対にない。しかも、地中に暮らすかぎり、目が有用になることはほとんどないだろう。

過去には、炎症が原因で病気にかかるなどして命を落とすツコツコもいたかもしれない。目が大きいほど、その可能性は高まる。これは、目が小さいほど、ツコツコにとっては有利ということだ。そのため、世代を経るごとにツコツコの目は小さくなっていったと考えられる。

暗闇《くらやみ》に生息する動物の目が極端に小さかったり、目がなかったりすることを、自然選択の理論で説明するためには、大きな目を持っていることがなんらかの理由で不利、あるいは有害になることを示さなくてはならない。仮に、暗闇でまったく目が役立たなかったとしても、それが原因で命を落としたり、他の生物との生存競争に負けたりしないのであれば、大きな目を持った個体がいなくなってしまう理由がなくなる。もし、自然選択でどうしても説明できない場合には、「使用／不使用」によって説明する必要も出てくるだろう。

節約

ただ、役に立っていない器官が存在すること、それ自体が生物にとって不利益になる、と考えることもできなくはない。もしこの考えが正しいのなら、ある器官が退化した理由を「使用／不使用」ではなく、自然選択の理論で説明できることになる。どんな部位でも、それを作るには、一定の栄養分が必要になる。ある生物が、生存の役に立たない器官を抱《かか》えているとしたら、そのぶん、余計に栄養を摂取しなくてはならない。その必要がなければ、同じ栄養分を他の器官に回せるかもしれないし、その器官が、他の生物との競争において武器になる可能性もある。また、多くの栄養を必要とするということは、それだけでも不利になるおそれがある。食糧を確保するために、動き回らねばならず、その際に捕食者に食べられることもあるだろう。

つまり、自然選択は、生物に「節約」を促《うなが》すということである。少しでも栄養が少なくてすむよう、有用性の薄れた器官は衰えさせようとするのだ。節約に成功した生物は自然に選ばれやすくなり、失敗した生物は選ばれにくくなる。

フジツボの例

　私はフジツボの研究をしているが、その中で、この「節約」の極端な例を発見した。一つは、ケハダエボシ、というフジツボの仲間の例だ。ケハダエボシは、雌の体内に雄が寄生《きせい》する。雄は雌よりもはるかに小さく、全長1ミリか2ミリくらいしかない。また、フジツボ類は普通、固い殻に覆われているが、ケハダエボシの雄にはその殻がほとんどない。

　さらに、プロテオレパス属と呼ばれるフジツボの仲間はもっと極端だ。プロテオレパス属は他のフジツボに寄生するのだが、殻がなく、小さいだけでなく、頭部の筋肉や神経などもほぼ、失われ、痕跡が残るのみになっている。寄生していれば、身を守ることも、自ら動くことも、周囲の状況を感じ取り、判断することも必要ない。それで、不要な器官をはじめから作らないことで栄養分を節約しているのだろう。不要な器官を中途半端《ちゅうとはんぱ》に作るよりは、そのほうが生き延びられる可能性、子孫を残せる可能性が高まるというわけだ。

変化しやすい器官、変化しにくい器官

生物には、変化が生じやすい器官と、そうでない器官がある。変化が生じやすいのは、まず、「機能が特殊《とくしゅ》化していない器官」である。ある器官が特殊化し、特定の機能だけを担っているとしたら、その機能が生存競争に勝つのに十分に役立っているかぎり、そのまま残ることになる。また、反対に、あまり役立たないとしたら、その生物は死に絶える。役立っている器官は、少しでも変化をすると、有用性が減ってしまう可能性が高い。そのため、その器官に個体差が生じても、子孫に受け継がれることはまずない。親と違いがない個体のほうが有利になり、長年にわたって変化しないまま、世代を重ねていくことになる。

一方、特殊化していない器官は、いくつもの機能を同時に担っている。したがって、変化が生じた時にどのような影響があるかは一概《いちがい》には言えない。その変化によって、器官の有用性が増すこともあれば、減ることもありえる。有用性が増せば、その変化は子孫に受け継がれ、蓄積されることもあるだろう。偶然、これまでとは違う新たな機能を担うこともありえる。ともかく、変化が生じたとき、それが排除《はいじょ》される可能性が低いのだ。

極端に発達した器官は変化しやすい

生物の中には、近縁の種に比べて際立った特徴を持つ者がいる。たとえば、フジツボの頂部《ちょうぶ》には、腕《うで》を隠す蓋《ふた》がある。この蓋は、フジツボの特徴であり、重要な器官であると考えられる。フジツボ類全般《ぜんぱん》を見れば、この蓋にはあまり多様性は見られないのだが、サンゴフジツボの仲間だけは、異様とも言えるほど蓋の多様性が高い。サンゴフジツボの蓋にかぎらず、その生物の際立った特徴と言える器官は、多様性が高くなっていることが多いのだ。その器官に個体差が生じやすいということだ。これはいったいなぜだろうか。

ある特定の種にだけ見られるような顕著な特徴は、まだ、現れてからさほど時間が経っていないと考えられる。近縁の他の種との共通祖先から枝分かれした後で、異常な量の変化が蓄積されたのだ。こうした変化は、急に止まるとは考えにくい。過去、一定の期間にわたって変化が継続《けいぞく》してきたということは、その器官に関しては現在も変化が続いている可能性が高いと言える。特定の器官が変化を続けることによって、その種が生存競争において優位に立ち続けられた、ということはありえるだろう。親に比べて変化した個体のほうが、そうでない個体よりも生存上、有利になり、自然に選択されてきたということだ。

属の特徴は変わりにくい

すでに述べたとおり、生物を分類する際、「種」より一つ上のレベルとなるのが「属」である。属は、いくつかの種から構成されるが、同じ属に含まれる生物には、必ず共通する特徴がみられる。この特徴は、個々の種だけが持つ特徴に比べると変化しにくい。

同じ属に含まれる生物はみな、共通の祖先を持っていると思われる。遠い昔に共通の祖先から枝分かれしてきたのだ。同じ属に含まれる生物が共通して持つ特徴というのは、おそらく、この共通の祖先が持っていた特徴なのだろう。つまり、特定の種だけが持つ特徴よりも歴史が古いということである。長年の自然選択に耐えてそのまま保存されてきたというわけだ。そのままのかたちが生存にとって最も有利であり、少しでも変化するとすぐに排除されるため、親との違いが生じにくくなったのだろう。

ある種だけに固有の特徴は、属全体に共通する特徴に比べると変化しやすい。しかし、この特徴も長い期間、保存され続ければ、いずれ変化しなくなるかもしれない。その頃《ころ》には、その種から派生して多数の種が生まれ、一つの属を形成していることもありえるだろう。生物の特徴が安定し、変化をしなくなるまでには、一定の時間を要するということである。

相似的な変化、先祖返り

たとえば、飼育鳩には、頭の羽毛が逆立ち、足にも羽毛が生えた個体が生まれることがある。この特徴は、原種のカワラバトには見られないものだ。にもかかわらず、いくつもの品種に、ときおり、この変化が観察される。違う土地で作られ、元来、無関係のはずの品種に相似的な変化が起きるのだ。これは飼育鳩にかぎらない。他の生物でも、同様の例はいくつも確認されている。いったい、なぜだろうか。

これは、共通の祖先（家畜鳩の場合はカワラバト）に、もともと、その変化を起こす傾向があり、その傾向を受け継いでいるのだと思われる。今のところ、それがどのようにして受け継がれたのかはわからない（注5-2）。しかし、それ以外に合理的な説明は考えられない。また、これこそが、1種類の生物から多様な生物が生じたことの証拠、と言えるかもしれない。神がすべての種を同時に創造した、という考え方では、異なる種に相似的な変化が起きる理由をうまく説明できないだろう。

その他、生物には、長い間失われていた祖先の特徴が急に蘇《よみがえ》る「先祖返り」の現象が起きることも知られている。飼育鳩の場合は、翼に2本の黒い帯が入る、腰《こし》が白くなるなどの特徴が、品種を問わず現れることがある。これは、いずれも原種のカワラバトの特徴であることは明らかだ。表面には現れないながら、カワラバトの特徴を、なんらかの方法で何百世代も受け継いでいる証拠だろう。

馬にも同じような「先祖返り」は起きる。雑種の馬に、よくシマウマのような縞模様が現れるのだ。両親ともに縞《しま》模様はないにもかかわらず、子に突然、縞が現れる。しかも、どの場合も必ず同じ縞模様である。これは、馬属の複数の種が共通の祖先から枝分かれしたこと、共通の祖先には縞模様があったことを示している。表面に現れていない特徴がどのようにして、はるか後の世代にまで引き継がれていくのか、それについては今後、研究していかねばならない。

＜注5-1＞
個体差が生じる理由、次世代に受け継がれる理由は、現在ではほぼ解明されている。詳しくは本書の「付録」を参照。

＜注5-2＞
何世代も表面に現れなかった性質が、ある世代で突然、現れる理由はおそらく遺伝子にあると考えられる。その性質を伝える遺伝子がもし劣性遺伝子（注4-3参照）ならば、それを両方の親から同時に受け継がないと機能しない。劣性遺伝子が何世代にもわたり片方の親からだけ伝わっていれば、その間ずっと機能しないことになる。そして、あるとき偶然《ぐうぜん》、同じ遺伝子を持った個体どうしがつがいになり、子供が生まれれば、長い間隠《かく》れていた性質が久しぶりに顔を出すことになる。

第6章

学説の抱える問題

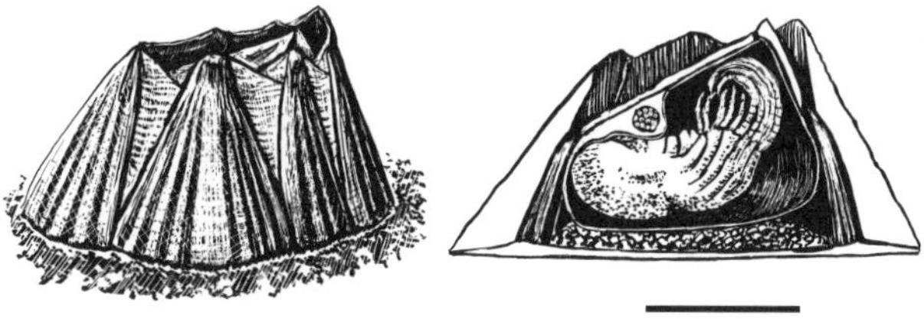

タテジマフジツボ

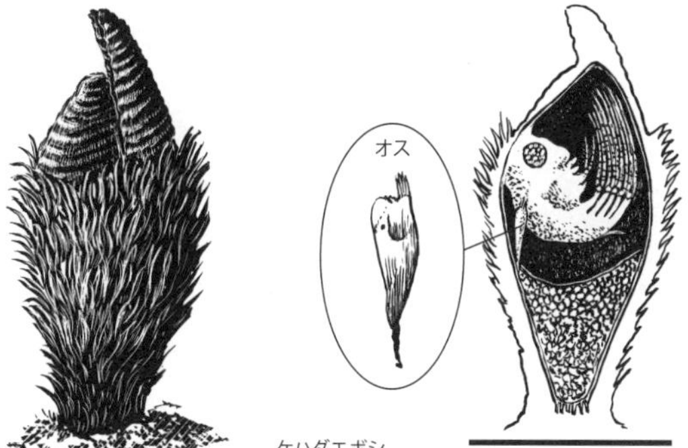

ケハダエボシ

ここまで読んだ人の中には、私の学説に対して疑問を持った人も多いと思う。私の学説が問題を抱えていることは確かだ。中には、それについて考える度に自信をなくしそうになる深刻な問題もある。だが、深刻に見えても実はそうでない、という問題もあるし、一見、致命的に思えてもじつは十分に反論可能というものもある。この章では、そうした学説の問題について考えていこう。

4つの問題

私の学説に対して投げかけられる疑問は、大きく次の4つに分かれると考えられる。

変化の中間段階の生物が見つからないのはなぜか

私は、生物は長い時間をかけ、少しずつ変化を蓄積することで新しい種に枝分かれしていく、と主張している。だとすれば、種と種をつなぐ中間段階の生物がたくさんいそうなものである。しかし、そんな生物は見つからない。なぜなのか。

「目」などの複雑な構造の誕生を説明できるのか

「目」は、非常に複雑で、高度な機能を持った器官である。

こんな素晴らしいものが、はたして自然選択による緩慢《かんまん》な変化の蓄積でできるだろうか。目が完成するまでには、目になりきっていない中途半端な器官を持った生物がいたはずだが、そんな器官が何の役に立つのか。

「本能」をどう説明するのか

ミツバチは、幾何学《きかがく》的に見て実に素晴らしい形状の巣を作る。しかし、ミツバチに数学者のような知識があるとは思えない。誰かが作り方を教えているとも考えられない。だとすれば、生まれつきの能力、いわゆる「本能」ということになるが、それほど高度な本能が、自然選択によって生まれうるのか。本能については、次の第7章で詳しく触れる。

種間の交雑と変種間の交雑の違いをどう説明するか

違う種の個体どうしが交雑しても、子供が産まれないか、産まれても、その子が不妊《ふにん》になることが多い。しかし、変種間の交雑では、子供が産まれ、その子供も繁殖能力を持っているのが普通である。この違いをどう説明するのか。この点については、第8章で詳しく触れる。

この章では、これら4つのうちの最初の2つについて、私の考えを述べることにする。

中間段階の生物が見つからない理由

ゾウの鼻は長い。今のように長くなるまでには、いろいろな長さの鼻を持った「ゾウのような」動物がいたはずである。私の学説が正しいとすれば、そうなる。だが、世界中探しても「ゾウに似た、鼻の長さがいろいろに違う動物」というのは見当たらない。なぜだろうか。

その理由は、まさに私の唱える自然選択説によって説明できる。すでに述べたとおり、生物は常に他の生物と生存をめぐって競争をしている。資源は限られているので、すべての生物が生き続けるわけにはいかない。特に、近い関係にある生物ほど競争が激しい。ほぼ同じ資源に依存しているからだ。自然界には、負けた生物まで養うゆとりはないので、負けたほうは絶滅する運命にある。鼻の長さが少しだけ違うゾウに似た動物どうしが、非常に近い関係にあることは間違いない。両者は資源をめぐって熾烈《しれつ》な競争をする。そして、他のすべての条件が同じであれば、おそらく鼻が長いほうが少し有利なので、生存競争に勝つことになるだろう。鼻の短いほうは絶滅する。このように、少し鼻が長くなるたびに、旧来の鼻の短い動物は絶滅してしまう。現在にいたるまでの間に、中間的な動物がどれだけ存在したとしても、すべて絶滅してしまったのだ。

ただし、これだけでは納得しない人もいる。新しい種が現れるたびに古い種が絶滅した、ということは認めても、その化石がまったく見つからないのはおかしいと言うのである。過去に、それだけ多くの種類の生物がいたのなら、地中から次々にその化石が見つかるはず、というわけだ。

この点に関しては、主として第9章で述べるが、ここでも簡単に触れておこう。注意しなくてはならないのは、地球上に生きた生物のうち、化石として残るものは、ごくごく一部にすぎないということだ。化石になるには、とてつもない幸運に恵《めぐ》まれなくてはならない。いくつもの条件が重なる必要があるからだ。

化石になるためには、その生物の遺骸《いがい》を含む土砂《どしゃ》が、相当な厚さで堆積《たいせき》しなくてはならない。そのためには、浅い海の底に土砂が堆積し、しかも、それがゆっくりと沈降《ちんこう》していかなくてはならない（なぜ、そうなのかについては第9章で説明する）。これだけの条件が重なることは、ごく稀である。つまり、化石の記録には、空白が非常に多いということだ。過去に生息していた生物であっても、化石を手がかりにするかぎり、その存在を知ることはほとんどできない、と言ってもいいくらいである。

「中途半端」な器官が役立たないとはかぎらない

「目」はたしかに素晴らしい器官である。さまざまな距離にある物体に即座《そくざ》に焦点《しょうてん》を合わせることができるし、球面収差《きゅうめんしゅうさ》や色収差《いろしゅうさ》（注6-1）などを補正する仕掛《しか》けも備えている。その完璧《かんぺき》な構造、機能を知ると、思わず、神の創造物だと言いたくもなるだろう。とても、自然選択の作用によって偶然に作られたとは思えない。

現在の私たちが持っているような目が、自然選択によって作られたのだとしたら、次のようなことが言える。はじめは、ごく単純で不完全な「目のようなもの」ができた。そこから長い長い時間をかけて徐々に変化を遂げてきたのだ。しかも、完全な目になるまでの各段階で、その「目らしきもの」が生物になにか利益をもたらしていたということである。これは大いにありえること、と言えるだろう。たとえば、初期の目が、光の有無《うむ》を見分けるだけの簡素なものだったとしても、まったく光を感じないよりは有利になる可能性が高い。その後も、機能が少しでも高度化すれば、ますます有用性は高まっていく。そして長い時間のうちには、やがて完璧な機能を備えた目になるはずである。

中途半端な目が、十分に生存に役立つという証拠は、じつは自然界に数多く見つかる。私たち人間の目に比べれば、かなり性能の低い目を持った生物は多数存在するからだ。彼《かれ》らはその不完全な目によって生存競争に勝ち、世代を重ねてきた。

たとえば、体節《たいせつ》動物（数多くの体節から成る動物。環形《かんけい》動物と節足《せっそく》動物の総称《そうしょう》）には、たんに色素《しきそ》に覆われているだけの単純な視神経を持った者がいる。その一方で、同じ体節動物でありながら、レンズを備えた目を持つ者もいる。さらに、甲殻類《こうかくるい》のように、小さな目が多く集まった「複眼《ふくがん》」と呼ばれる高度な目を持つ者もいるのだ。完成度の違う目を持った種がみな、現在も生きながらえているということは、たとえ完成した器官でなくても何らかの役に立てば保存され、次世代に受け継がれる可能性はあるということを意味する（注6-2）。

翼の進化

目と同じようなことは、鳥の翼にも言える。鳥の翼も、非常に複雑に精巧《せいこう》にできている。はじめから、空を飛ぶことを目的として、誰かが設計し、製作したのでなければとてもできないような見事な器官である。だが、この翼でさえ、自然選択の理論によって説明できるのだ。もちろん、最初にできた「翼らしきもの」では、空を飛ぶことはできなかっただろう。だが、それがなんらかの役に立っていれば、失われずに子孫に受け継がれた可能性はある。最初の翼がいったいどういうものだったのか、それはわからない。だが、不完全な翼でも、役に立ち得るということは、ペンギンなどの鳥を見ればわかる。ペンギンは、空は飛べないが、その短い翼を水の中ではヒレとして使うし、陸上では前脚《まえあし》として使い、生存に十分に役立てている。過去に存在した種に同じようなことがあったとしても不思議ではないだろう。

トビウオには、かなりの跳躍《ちょうやく》力があるが、鳥のように自在に飛べるわけではない。しかし、もし遠い将来、トビウオの子孫が鳥のように完璧に飛べるようになったとしたらどうだろう。そして、現在のトビウオの化石がどこからも見つからなかったとしたら。遠い過去の祖先が完全には飛べず、ただ短時間、滑空《かっくう》していただけだとは、まず誰も想像しないに違いない。

別の種が偶然に同じ能力を獲得することもある

魚の中には、何種類か、発電能力を持ったものがいる。その何種類かの魚がみな、近い関係にあるのなら、何も問題はないのだが、なかには分類上、かけ離《はな》れたものも含まれている。しかも、いずれも近縁種の大部分には、発電能力がない。これをどう考えればいいのだろうか。それらの魚の遠い昔の共通の祖先には発電能力があったが、現在までの間に、子孫の大半がそれを失ってしまったというのだろうか。そうなのかもしれないが、それは多少、無理のある説明ではないだろうか。大半の種が失うような機能を、特定の種（それも複数）の系統だけが長年にわたり保持し続けるとは考えにくい。その機能を失った種が多いということは、一般に有用性《ゆうようせい》が低いと考えられるからだ。

では、こう考えたらどうか。関係の遠い複数種の魚が持っている発電能力は、完全に独立して生じたものであると。まったく違う種に、偶然、同じような個体差が生じ、それが蓄積して、現在のような発電能力が備わったということだ。これはありえない話ではないと思う。二人の人間が独自にまったく同じことを考えつくようなものである。コウモリと鳥、魚とクジラは、分類上はまったく違った生物だが、似たような能力を有している、それと同じだと考えれば納得できなくもないだろう。

生物は完璧とはかぎらない

生物が持つ器官は、ほぼ、どれも何かの役に立っているはずである。もちろん、なかには、直接、なんの役にも立っていないように見える器官もある。すでに述べたとおり、身体にＡという変化が起きると、必ずそれに連動してＢという変化が起きる、ということもある。Ａの変化はその生物にとって役立つものであっても、Ｂの変化はそうではないということもあり得る。そういう作用で、役立たない器官が作られてしまうこともないとは言えない。また、祖先にとっては役立っていたが、今はもう役立っていない器官が残っていることはある。たとえば、水辺でなく高地に住むガンや、水に入ることのないグンカンドリにも、水かきがあるが、今は役立ってはいないだろう。サルの手、ウマの前脚、コウモリの翼、アザラシのヒレには、皆、同じ骨がある。だが、ウマやコウモリ、アザラシの場合、その骨はサルの手のように役に立っているとは思えない。

そして、現在、立派に役立っている器官であっても、それが完璧なものとは限らない。私たちの目から見ると、明らかな欠陥を抱えている場合も多いのだ。たとえば、ミツバチの針はその典型的な例と言えるだろう。ミツバチの針は、針に「返り」がついているため、敵に刺《さ》すと抜けなくなってしまう。抜こうとすると、自分の内蔵が破れて、ミツバチは死んでしまう。自分の武器が自分を殺すのだから、これは欠陥である。しかし、針で攻撃《こうげき》して敵を撃退できれば、そのハチが属する集団全体の利益にはなるだろう（注6-3）。

このように、たとえ欠陥を抱えていたとしても、他の種との生存競争に打ち勝ち、種を保存させるのに十分に役立てば、その器官、機能は改良されることなく長年、保存されることもある。自然選択は、必ずしも完璧なものを選ぶわけではないのだ。生き延びるのに十分な程度の質が確保されていれば、それ以上、改良しない可能性がある。そこが、人間のような意思を持った存在がものを作る場合と大きく異なる点だと言える。

＜注6-1＞
レンズは光を集める性質がある。レンズの中心から入った光と、レンズの周辺から入った光がすべて一点に集まればいいのだが、実際にはうまく一点には集まらず、少しばらけてしまう。これが球面収差である。
また、レンズは光を曲げる（屈折《くっせつ》させる）性質があるのだが、その屈折率は光の波長によって少しずつ異なる。光の波長とはつまり「色」のことなので、色によって屈折率が違うということだ。そのため、レンズが作る像では、色によって大きさと位置に違いができてしまう。これが色収差である。

＜注6-2＞
じつは人間の目にも網膜《もうまく》上に「盲点《もうてん》」が存在するなど、とても完璧《かんぺき》とは言えない。盲点は、光を感じることがまったくできない部分である。盲点の部分では何も見ることができない。視覚情報は一部、欠落しているということだ。だが脳が巧《たく》みにその欠落を補っているので、普段《ふだん》、私たちは盲点の存在を自覚しない。

＜注6-3＞
進化学においては、自然選択が、「個体」の単位で起きるのか、それとも「集団」や「種」の単位で起きるのかがよく論争になる。『種の起源』の記述から見て、ダーウィンもその点についてはどう判断すべきか迷っていたようだ。

第7章

本能

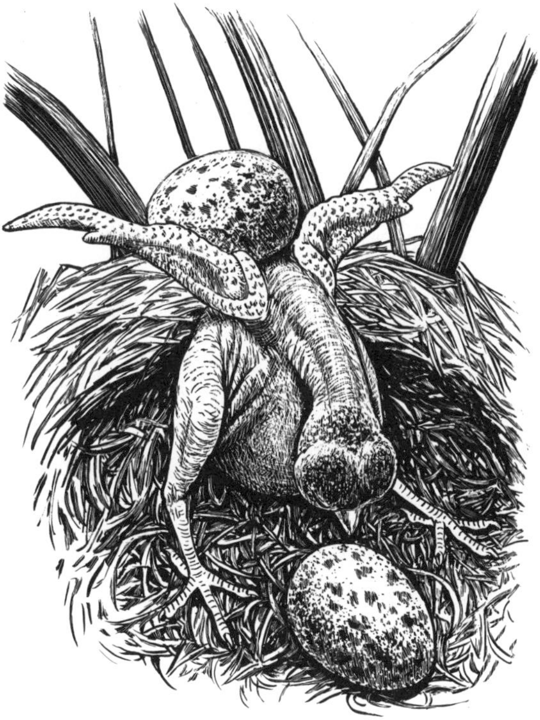

生物は、「本能」を持っている。それは明らかだ。なかには、この本能の存在だけで、私の学説を覆《くつがえ》すのに十分だと考える人もいるに違いない。私の学説では、その発生過程、存在理由がとても説明できない、一見そう思える本能の事例が少なくないからだ。この本でわざわざ本能について章を一つ設けて触れることにしたのはそのためだ。

私は、ここで「本能とは何か」という定義を示すつもりはない。本能全般について論じようとは考えていないのだ。そもそもなぜ本能というものが生じたか、それを論じようとも思わない。ただ、本能だと思われる能力の具体的な事例をいくつかあげ、その発生過程、存在理由を私の学説でいかに説明するか、ということを書いてこうと思う。

生まれつきの能力

カッコウは他の鳥の巣に卵を産む。カッコウはそれを誰かに教わったわけではないし、経験によって覚えたのでもないと考えられる。なぜなら、非常に若い個体ですら、その行動をとるからだ。何かを教わったり、経験したりするには、一定以上の時間が必要である。まだ若い段階ではとても時間が足りないだろう。また大事なのは、どの個体も皆、まったく同じ行動をとる、という点だ。経験や学習によって身につけた場合には、個体ごとに行動が違っても不思議はない。普通、私たちは、こういう能力、行動を「本能」と呼ぶ。多くの個体が、自身でもその目的を知らずに同じ行動をとっているような時、「本能的に行動している」などと言う。

ただ、動物に話を聞くわけにはいかないので、実際には、どこまでが本能的な行動で、どこからが意識的な行動なのか、線引きは難しい。「誰がどう見ても本能」と言えるような行動がある一方、どちらなのか明確に区別ができない行動もあるのは確かである。

本能のように見えて、じつは「習性」と呼んだ方が適切な行動もある。どちらも無意識ではあるが、両者の違いは、ごく簡単に言えば、意志や理性で変えることができるかどうか、である。たんなる習性であれば、当の個体の意志によって変えることも不可能ではない。だが、本能の場合は、個体の意志ではどうすることもできない。

また、両者の違いは、子孫に遺伝するかどうか、にある。モーツァルトは3歳にしてピアノを見事に弾《ひ》きこなしたと言われている。もし、彼がまったく練習しないでピアノを弾いていたのだとしたら、それは本能だと言えるが、わずかでも練習をしたのだとしたら、本能とは言いがたい。また、練習によってできるようになったことは、次世代には受け継がれない（注7-1）。ある生物の個体が生きている間に身につけた習性が、次世代に受け継がれることはないのだ。本能は、そういう習性とは違う。特定の個体が、経験や学習によって身につけたものではないのだ。理由はわからないが、何の準備もなしに生まれつきできること、意志に反していても、してしまうこと、それが本能である。モーツァルトのピアノ演奏能力が本能ならば、その子孫も生まれつき同じようにピアノが弾けることになる。

自然選択と本能

生物の本能はいかにして生じるのか。多くの本能は、あまりに複雑で、巧妙《こうみょう》なため、どうしても、誰かが意図的に創造したと考えたくなる。そうでないと説明がつかない、と思ってしまうのだ。しかし、私は、本能もやはり、自然選択の産物であると考えているし、自然選択の理論で十分に説明がつくと考えている。つまり、現存の生物たちに見られる複雑で高度な本能は、何もないところからいきなり生じたわけではなく、長い時間をかけて徐々にできあがってきたということだ。遠い昔の祖先に、その本能へとつながるほんのわずかな個体差ができ、それがゆっくりと蓄積されていったのである。前の章で触れた複雑な器官の場合と同様、移行段階の生物がいたはずだが、それを見つけることは不可能である。ただし、関係の近い種の行動から、移行段階の本能がどういうものだったか推測できることはある。後で触れる、ミツバチ、ハリナシミツバチ、マルハナバチの例はそれにあたる。ミツバチの作る巣は非常に複雑で精巧なものだが、マルハナバチの作る巣はごく単純なものである。そして、ハリナシミツバチは両者の中間くらいの巣を作る。そういう関係になっている生物は少なくないのだ。

利他的な本能

本能は、一般に「利己的」なものである。つまり、その生物の生存、繁殖にとって利益になるということだ。これは、当然のことである。もし、自分の生存や繁殖にとって不利益な本能を持った生物がいたら、その生物は生き延びることも子孫を残すことも難しくなってしまう。早晩、絶滅してしまうだろう。

しかし、なかには、一見「利他的」な本能を持つように思える生物もいる。わざわざ、他の生物の利益になるような行動をとる生物がいるのだ。その例としてまずあげられるのは、アブラムシだろう。アブラムシは独特の甘い分泌液《ぶんぴつ》を出す。ただ、観察するかぎり、その分泌液を出すのは、アリに触れられたときだけだ。アリはアブラムシの分泌液が大好物で、アブラムシを見つけると即座に腹に触れる。触れられたアブラムシは、分泌液を出し、アリはそれを飲み尽くす。

両者の行動を見ていると、利益を得ているのはアリだけで、アブラムシにはなんの利益もないように思える。だが、実際には、そうではない可能性が高い。分泌物は非常に粘着《ねんちゃく》性が強く、そのまま抱えていると、当のアブラムシにとって害になるのではないか、と考えられる。アリにとってもらうことが、アブラムシの利益になっているというわけだ。自然界には、このように、「相互《そうご》に利益になる」行動を取る生物が少なくない。アリとアブラムシもその一例だと考えたほうがいいだろう。自分の利益にはならず、他者の利益にだけなる行動を本能的に取る生物はいないはず（注7-2）である。

生物どうしは生存競争をしており、どの生物も競争に勝つため、他者の本能を必死で利用しようとしている。もちろん、ただ利用されているだけでは、絶滅してしまう。必死でそれを防ごうとするだろうし、仮に利用されたとしても、同時に自らの利益にもなるようにするはずである。そして、両者の得る利益が同等くらいになれば、そこで安定することになる。ただし、安定するまでの過程で、一時的に、どちらか一方の利益のほうが多くなってしまう、ということはありえる。

人間の作った本能

ポインターという犬がいる。この名は、獲物《えもの》の居場所を「指し示す（英語ではpoint）」ことからつけられたものである。実際、ポインターは、獲物がどこにいるかを知らせるような行動をとる。はじめて狩《か》りに出た若いポインターですら、この行動をとることから、学習によって身につけたものではなく、本能であると考えられる。

ただ、この本能は、かなりの程度まで、「人間によって作られた本能」であるにちがいない。と言っても、はじめから「獲物の位置を指し示す犬を作ってやろう」などと考えて計画的に作ったわけではないだろう。なんのきっかけもなしに、獲物を指し示すように犬を改良しよう、などと思いつくことはまずありえないからだ。いつの時点かはわからないが、ポインターほど完全ではないにせよ、獲物を指し示すような動作をする個体が見つかったのだろう。そういう個体がいれば、私たちの祖先は大切にしたはずだ。さらに改良して、今のポインターのようにしてやろう、とは思わなかったかもしれないが、大切にして、子孫が確実に残るよう気を配ったと考えられる。そして、後の世代に、指し示す精度がより高い個体が現れたら、他よりも大切にしただろう。ポインターの本能はそうして作られていった。

失われた本能

また、反対に、人間に飼われたことで失われた本能もあっただろう。特に顕著な例としては、卵を抱《だ》こうとしないニワトリなどがあげられる。ニワトリがもし、自然界に生きる鳥だったとしたら、卵を抱かない個体が現れても、子孫を残せないため、あっという間に排除されるはずだ。しかし、人間に飼われていれば、たとえ卵を抱かなくても、人間が孵化させるため、子孫を残せる。卵を抱く本能を失ったまま世代を重ねることができるのだ。同じようなことは他にもたくさん起きているに違いない。

カッコウの托卵《たくらん》

カッコウは、別の鳥の巣に卵を産み、雛を育てさせる「托《たく》卵《らん》」と呼ばれる行動をとる。これも、誰かが教えるとも考えにくいので、本能と考えていいだろう。では、いったい、どうして、このような本能を持つに至ったのか。

カッコウの雌は、2、3日おきに産卵する。これが托卵の本能を生んだ根本原因ではないか、という見方が今のところ大勢である。2、3日おきに卵を産む、ということは、すでに産んだ卵が巣にある状態で、さらに卵を産むわけだ。卵を温めながら卵を産むことは困難なので、どうしても放置する期間ができてしまう。それに、最初の卵を産んでから、最後に産んだ卵が孵化するまでに、たいへんな長期間を要することになってしまう。最初に産まれた雛に餌をやらずに放っておくわけにはいかないので、一定の期間は雄だけが独力で餌を運んでこなくてはならない。だいいち、カッコウは渡《わた》り鳥で、産卵地に来てから渡りをするまでの滞在《たいざい》期間はごく短い。そのため、卵を産み、雛を育てるのに時間がかかると困ったことになる。実際、同じカッコウの仲間でも、アメリカカッコウは、托卵せず、まさにそういう厳しい状況で卵を産み、雛を育てている。

托卵をするヨーロッパのカッコウも、遠い昔にはアメリカカッコウのように自力で雛を育てていたと考えられる。そして、いずれかの時点で、ときおり他の鳥の巣に卵を産む雌が現れたのではないか。現在でも、他の鳥の巣にときおり卵を産む鳥は、意外に多くいる。それと同じように、カッコウの遠い祖先も、たまたまよその巣に卵を産んだのだ。自分の親の巣で産まれた雛は、産まれた日の違う兄弟と同居することになる。どうしても、雛1羽あたりに注がれる愛情は少なくなりがちだろう。それより、他の鳥の巣で、偽物《にせもの》の親に育てられるほうが、愛情を一身に受けて生きられる可能性がある。そうして偶然、うまく育ったカッコウの多くは、やはり親の性質を受け継ぎ、他の鳥の巣に卵を産むことになる。長い年月の間、それが繰り返されているうちに、いつの間にか、いっさい自分の巣には卵を産まず、他の鳥の巣にしか卵を産まない、というカッコウばかりになった。そういうことだと思われる。

自分の巣にも、他の鳥の巣にも卵を産む、という鳥が現在も生息していることから、おそらく、この考えは間違っていないと思う。

奴隷《どれい》狩りをするアリ

アリは、昆虫の中でも変わった生態を持っているが、特に、アマゾンアリは、不思議な種である。なんと、他の種のアリを連れてきて奴隷にし、巣作りや、幼虫の世話などをすべてその奴隷にさせるのだ。奴隷がいなければ、生きていくことができない。奴隷となるのは、クロヤマアリである。アマゾンアリにも働きアリはいるのだが、奴隷狩り以外の仕事はまったくしない（奴隷となるクロヤマアリは普通、蛹の状態で連れてこられる）。

アマゾンアリの群れを奴隷アリから隔離して閉じ込めるという実験が行なわれたこともある。その群れには幼虫と蛹も入れたのだが、アマゾンアリたちはやはりいっさい何もしなかった。そこにクロヤマアリを一匹《ぴき》入れると、驚いたことにすぐに仕事を始めたのだ。クロヤマアリも、自らの役割をわかっているかのように行動するのである。

これもじつに驚くべき本能だが、この本能がどのようにして生じてきたのかは、他のアリの生態から推測できる。実は、アマゾンアリほど徹底《てってい》したかたちでないが、奴隷を使うアリというのはいるのだ。そうしたアリの行動を観察すると、アマゾンアリのような本能が生じるまでの移行過程を推し量ることができる。

まず、例としてあげられるのは、アカヤマアリである。アカヤマアリはたしかに奴隷を使うが、アマゾンアリほど極端ではない。まず、奴隷の数がアマゾンアリほどは多くないのだ。アマゾンアリの場合は、巣作りを奴隷に任せるだけでなく、巣の場所の決定も、新しい巣への引越《ひっこ》しも、奴隷に任せる。自分では移動せず、運んでもらうのだ。アカヤマアリはそうではない。いつ、どこに巣を作るかはアカヤマアリ自身が決定するし、巣作りの作業も、奴隷だけに任せることはない。完全に任せてしまうのは、幼虫の世話くらいである。

興味深いのは、同じアカヤマアリでも、イギリスのものと、ヨーロッパのものでは、奴隷への依存度が違うということだ。総じて言えば、イギリスのアカヤマアリの方が、奴隷への依存度が低い。イギリスでは、巣の材料や食物を集める仕事をもっぱらアカヤマアリ自身が行う。しかし、ヨーロッパでは、アカヤマアリ自身と奴隷が協力し合う。これはおそらく、イギリスのほうが、奴隷になるアリの数が少ないためと思われる。

奴隷狩りの本能の始まりがどうだったのかは、もちろんまったくわからない。ただ、奴隷狩りをしないアリでも、他のアリの蛹が巣のそばに落ちていれば、持ち帰ることはあるだろう。私も実際にその光景を見たことがある。その蛹が偶然、羽化してしまい、違うアリの巣だとは知らずに働き始めるということはあったかもしれない。自分たちで働きアリを産み、育てるよりも、よそからやってきたアリに頼《たよ》るほうが利益が大きくなる可能性も十分にある。もし、そうなれば、いずれ積極的に他のアリを連れてくるという行動に出ることもあるだろう。そのようにして、奴隷狩りの本能は徐々に完成に向かっていったのかもしれない。

ミツバチの巣

ミツバチの巣は驚くべきものである。材料である蜜蝋《みつろう》の使用量を最小限に抑《おさ》え、しかも貯蔵できる蜜の量を最大限に増やせる、という絶妙《ぜつみょう》の形状になっている。その形状が、あの六角柱の集合である。ミツバチは、暗い中で、計測器も何も使わずにその仕事をやってのける。暗闇でも長さや角度を正確に測る能力を持っているとでも言うのだろうか。もしそうだとしたら、人間の職人をも上回るような恐るべき能力である。

しかし、見方を変えれば、この巣は意外に簡単にできることがわかってくる。そのヒントとなるのは、マルハナバチとハリナシミツバチという2種類のハチの巣である。マルハナバチの巣は、ただ、いびつな球形の部屋が不規則に並んだだけのものだ。この巣を作るのにさほど複雑な技術はいらないことは明白だろう。そして、ハリナシミツバチの巣は、マルハナバチの巣とミツバチの巣の中間に位置するようなものである。比較的形の整った円柱状の部屋がかなり規則的に並んでいる。ただ、この巣は、マルハナバチの巣をほんの少し改良すればできそうである。重要なことは、ハリナシミツバチが、円柱状の部屋を密集させて作るということだ。もし、そのまま隣《とな》り合った部屋どうしが押《お》し合ったら、割れてしまいかねない。そこで、ハリナシミツバチは部屋と部屋の間に平らな壁《かべ》を作る。もし1つの部屋が2つの部屋と隣り合っていれば、壁は2つできる。そして、1つの部屋が3つの部屋と隣り合っていれば、壁は3つできるわけだ。同じ大きさの円柱を数多く並べた場合、1つの円柱と隣り合う円柱の数は6つになることが多い。つまり、1つの部屋は6つの壁で囲われることが多いということだ。

6つの壁で囲まれた円柱の部屋は、ほんの少しの変更《へんこう》で六角柱の部屋に変わりうる。ミツバチの祖先もかつては、現在のハリナシミツバチと同じような巣を作っていたのではないだろうか。そして、ある時に変化が生じ、六角柱の部屋を集めた巣を作るものが現れた、というのは大いにあり得ることだろう。そのほうが生存や繁殖にとって少しでも有利であれば、六角柱の巣を作る者が生き残り、円柱の巣を作る者が絶滅した、という可能性はあるだろう（注7-3）。

働きアリは不妊

アリに関しては、もうひとつ、私の学説にとっての大きな難題がある。それは、働きアリが、すべて雌であるにもかかわらず、子供を生むことができないということだ。生き延びてもいっさい、子孫を残せず、ただ、他者のために生き、働いて、死んでいくのだ。私の学説を単純に当てはめれば、そういう生物はすぐに絶滅してしまうはずである。なにしろ子孫を残せないのだから。仮に何かの間違いで不妊の個体が生じたとしても（それ自体はさほど珍しいことではない）、その特性は子孫に受け継がれることはないので、普通はすぐに排除されてしまうはずだ。では、いったい、なぜ、働きアリに関しては、不妊という特性が長きにわたって受け継がれているのだろう。

今のところ、この問いへの明確な答えは得られていない。ただし、手がかりはある。一つの巣を構成するアリは、すべて「一つの家族」であるという事実である。働きアリが自分の身を犠牲《ぎせい》にして世話をしている幼虫たちは、すべて同じ女王アリから生まれた妹や弟だ。つまり、働きアリの奉仕《ほうし》は、自分の妹や弟たちが育つこと、そして、後の女王が育つことに役立つ。ひいては一族の存続に役立つということだ。アリを個体の単位でとらえず、家族の単位でとらえれば、不妊の働きアリであっても、その存続に十分に寄与《きよ》していることになる。だとすれば、不妊の働きアリを数多く生むという奇妙《きみょう》な特性が長年、維持《いじ》されたとしても、そう不思議ではないということだ。

この不妊の働きアリについては、人間に飼育されている去勢《きょせい》ウシの例を参考に考えるとわかりやすい。ウシの中には、雄を人為的に去勢すると角の形が少し変わるものがいる。つまり、不妊になると、その影響で他の部分に変化が現れるということだ。働きアリの奉仕能力は常に「不妊」という特性と一体になっているが、それと似ている。ただ、ここで問題は、この変形した角を次世代に受け継ぐにはどうしたらいいかということである。それが可能ならば、不妊の働きバチが代を重ねることも不可能ではないことになる。

仮に、ウシの飼い主が、異様に長い角を好んでいたとしよう。そしてある時、去勢したウシの角が長くなったとする。もちろん、そのウシ自身の子供はできないが、飼い主は、できるだけそのウシと血縁関係の近いウシを繁殖させようとするだろう。血縁関係が近ければ、去勢した場合の結果も近いものになる可能性が高い。長年続けるうちにやがて、去勢するだけで確実に角の長いウシを作り出せるようになるかもしれない。

アリにも同様のことが起きたと見ていいのではないか。ただし、もちろん、アリの場合は、人為選択ではなく、自然選択によってである。なんらかの理由で不妊になったアリが、それに伴《ともな》い、働きアリにふさわしい能力を持ったのだ。この場合、働きアリとしての能力は、ウシで言えば長い角にあたる。優秀な働きアリを得た血縁集団が繁栄し、子孫を多く残したとすれば、次の世代でも同じように不妊の働きアリが生まれやすくなるだろう。それが繰り返されれば、いつか、不妊の働きアリは特別な存在ではなく、「いて当たり前」の存在になりえる。

分業にメリットがあることは、人間社会を見てもわかる。不妊の働きアリが数多くいてくれれば、女王アリは子供を産むことに専念できる。そうすれば、すべての個体が子供を産み、個々に世話をするよりも効率よく繁殖できる可能性がある。働きアリが不妊であることは、この分業体制を維持するためにも重要だったのかもしれない。もし、働きアリが子供を産めれば、働きアリとしての能力がさほどないアリとも交雑することがありうる。すると、世代を経るごとに分業体制が崩《くず》れてしまうことになる。したがって、むしろ不妊でいてくれるほうが集団にとっては利益になるということだ。

不妊の働きアリの存在は、一見、私の学説にとって脅威にも思えるが、このように自然選択によって説明することはできるのだ。私自身は、働きアリを脅威とは見ていない。むしろ、私の学説の正しさを裏づける強力な証拠だと見ている。

＜注7-1＞
生物が生まれた後に身につけた性質や能力は「獲得形質《かくとくけいしつ》」と呼ばれる。獲得形質が次世代に遺伝しない、ということは現在も定説になっている。練習してピアノが弾《ひ》けるようになった場合は、ピアノが弾けるという能力も獲得形質ということになる。したがって、次世代には遺伝しない。

＜注7-2＞
この見解は、現在の目から見ても正しいと考えられる。

＜注7-3＞
同じようなことは「擬態《ぎたい》」をする生物にも言える。はじめから見事に「そっくり」ということはないだろう。他の生物などを少しでもうまく「まねた」ものが生き残り、下手なほうが絶滅《ぜつめつ》する、ということが長い間、繰《く》り返されてきたと思われる。

第8章

雑種《ざっしゅ》

雑種《ざっしゅ》と種

2種類の違った生物をかけ合わせて、新たな生物が生まれれば、それは「雑種《ざっしゅ》」と呼ばれる。ただ、この雑種は簡単には生まれない。また、仮に生まれても、雑種には、生殖能力がないのが普通である。そもそも、第2章ですでに触れたとおり、

・かけ合わせても雑種が生まれない。
・仮に生まれても、その雑種には生殖能力がない。

という2つの条件のいずれかが満たされた場合は、2つの生物を「別の種」とみなすべき、という意見もある。「かけ合わせると雑種が生まれ、しかも、生まれた雑種に生殖能力がある」ということであれば、両者を変種とみなすべき、というのである。だが、この定義に確たる根拠があるわけではない。ただ、人間が勝手に線引きをするだけのことである。どこからを別の種とするのか、その境界線は今のところは曖昧だ。だいいち、すべての生物のあらゆる組み合わせについて、雑種ができるかどうかを確かめるわけにもいかないだろう。

「雑種が生まれなければ別の種」、「雑種が生まれたら同じ種

(あるいは同じ種の変種)」という言い方をしてしまうと、本質から目をそらすことにもなる。見た目に大きく異なっていて、違う種にしか見えない生物どうしをかけ合わせたにもかかわらず、子孫が生まれることは実際にある。また、その子孫が生殖能力を持っていることもある。そういう事例を前にして、「生殖能力を持った子孫が生まれたのだから違って見えても同じ種なのだ」と言ってすませるのは、問題のある態度と言わざるをえない。非常に不思議な現象を目の当たりにしているにもかかわらず、「これは不思議なことではない」、「だから何も考える必要はない」と強弁《きょうべん》していることになるからだ。無意味な境界線を設け、それに固執《こしつ》するのは有益《ゆうえき》とは言えない。

この章で話したいのは、種の境界線のことではない。なぜ、雑種が生まれにくいのか、また、生まれてもその多くが生殖能力を持たないのはなぜか、ということである。その理由は今のところ誰にも説明できない(注8-1)。「生物のあらゆる種が混じり合って混乱が生じるのを防ぐため」と言う人は多いが、これでは説明になっていない。もしそのとおりだとしても、今度は「混乱するとなぜいけないのか」、「誰が困るのか」を説明しなくてはならなくなる。混乱とは何か、どうなったら混乱と言えるのか、その定義もはっきりとはしない。私も明快な答えを持っているわけではないが、次に、これまでの調査で何がわかっているか、私の唱える自然選択の理論に照らし合わせると何が言えるか、ということを書こうと思う。

雑種が生まれるか否かは予測不能

違う種類の生物を交配させたとき、その結果がどうなるかは、ほとんど予測不能である。まず問題なのは、結果にじつにいろいろなパターンがある、ということだ。2種の組み合わせがたとえまったく同じでも、雑種が生まれることもあれば生まれないこともある。雑種の生まれる確率は、組み合わせによって0パーセントから100パーセントまで幅《はば》があると言っていいだろう。生物AとBを組み合わせた場合は70パーセント雑種が生まれるが、AとCの組み合わせでは10パーセントになる、という具合に大きなばらつきがあるのだ。しかも、生まれた雑種が生殖能力を持っている確率にも同様の幅がある。生物AとBの間の雑種が生殖能力を持っている確率は20パーセントだが、生物AとCなら、その確率は90パーセントになる、ということも十分にありえる。一般に、雑種の生まれる確率の高い組み合わせほど、子孫が生殖能力を持つ確率も高くなる傾向があるが、一概には言えない。

この事実だけを考えても、「雑種ができなければ、また、できても繁殖能力を持っていなければ別の種」という定義がいかに無意味なものかがわかるだろう。もちろん、雑種ができる確率が0パーセントという組み合わせも探せばあるのだろうが、確認は困難である。ずっと0パーセントだと思っていたら、ある日、雑種が生まれてしまった、というときはどうなるのか。その日から別種ではなく変種、ということにするのか。それも妙な話である。

さらに、「雑種ができないのは混乱を防ぐため」という主張の怪しさも、このばらつきを見れば明らかだ。混乱を防ぐのが目的ならば、どんな組み合わせでも、いっさい、雑種ができないようにすればいいのに、できるのかできないのかが非常に曖昧になっているというのは変である。これでは、どこまで混乱を防げるのか、きわめて疑わしい。

自然選択と雑種

「混乱を防ぐため」という理由でないとしたら、雑種はなぜ生まれにくいのか。その理由を、私の自然選択の理論で説明することはできるだろうか。自然選択の理論を根拠にするなら、「雑種が生まれにくい」という性質がなんらかのかたちで生物の生存に有利でなくてはならない。もし、生存が有利になるのなら、その性質は自然選択によって生じたと言えるだろう。では、はたして、雑種が生まれにくいこと、また、雑種の多くが生殖能力を持っていないことは、本当に生物の生存にとって有利になるのだろうか。

一見、この性質は生物にとってとても有利には思えない。すでに書いてきたとおり、「生存に有利」というのは、突《つ》き詰《つ》めれば「子孫を残しやすい」という意味だからだ。たとえ違う種類の生物との交配であろうと、子孫が生まれれば、それだけ有利ということになる。また、子孫に生殖能力があれば、さらに長い間、生き残っていけるわけだから、よけいに有利になるはずだ。では、生存に不利にもかかわらず、その性質が長い間消えずに残っているということだろうか。もしそうなら、自然選択の理論が誤っているのかもしれない。

ただ、ただちにそう言えるとはかぎらない。この性質は、自然選択が直接、生み出したものではなく、自然選択が生物にもたらした違いによって間接的に生じたもの、とも考えられるからだ。生物はそれぞれに違っている。どの生物も、長い年月の間に変化して、自らが生き残るのに都合の良い特性を身につけたと考えられる。そして、どの生物も、めいめいが勝手に変化してきたに違いない。勝手に変化したものだから、その中から無作為《むさくい》に2種類を選んで組み合わせたとき、相性が良いか悪いかは、試してみるまでまったくわからない。そういうことではないだろうか。この場合、2種類の生物間の違いのうち、最も重要なのは、生殖器官の違いである。両者の生殖器官のはたらきが大きく違えば、適合せず、子供が生まれない可能性が高いだろう。この違いは、自然選択によって偶然、生じたものである。誰かが「雑種が生まれないように」と考えて操作しなくても、そういうことは起きうるのだ。また、たとえ雑種が生まれても生殖能力を持っているとはかぎらない、という現象も同じ理屈《りくつ》で説明できるのではないか。2種類の生物間の違いのために、両者を組み合わせて生まれる子孫の特性がまちまちになるのだ。組み合わせたことでどんな結果が生じるかは予測がつかない。生殖能力の有無がどういう要因で決まっているのかは不明だが、両者の相性が良ければ生殖器官の形成がうまくいくし、悪ければうまくいかない、ということではないだろうか。

＜注8-1＞

雑種が生まれにくい理由、生まれてもその多くが生殖能力を持たない理由は現在でも完全には解明されていない。ただ、DNAが収納される染色体の数がそれに深く関係しているとも言われている。人間の染色体の数は46本である。精子や卵子などの生殖細胞を作る際に、その数は半分の23本になる。そして、授精によって精子と卵子が結びつくと、再び46本に戻《もど》る。染色体はどれも2つずつペアになる。父親からの染色体1つと母親からの染色体1つがペアになるということだ。人間どうしならば、このとおりうまくいくのだが、生物の種類が違うと、染色体の数が違うため、問題が起きる。まず、授精の際に、ペアになる相手が見つからない染色体ができてしまう。それでもなんとか子供が生まれることはあるが、その雑種は染色体数が奇数《きすう》になる。染色体数が奇数だと、生殖細胞を作るときに半分にできない。このことが、雑種が不妊《ふにん》になる大きな原因と言われる。ただ、他にもさまざまな原因があり、一概《いちがい》には言えない。

第9章

なぜ化石が足りないのか

中間段階の化石が見つからない

私の学説が正しいとすると、生物はゆっくりと少しずつ変化を遂げて今の姿になったことになる。ゾウの鼻は最初から長かったわけではなく、長い時間をかけて少しずつ長くなってきたのだ。ただ、第6章でも触れたとおり、これには反論もある。生物が少しずつ変化するのなら、変化の途上の生物も多く存在するはずだ、そんなものはいないではないか、というのである。今のゾウと祖先との中間の生物、中途半端な長さの鼻をした生物はたしかに見当たらない。また、今、存在しないのはまだいいとしても、少なくとも化石は見つかるはずではないか、という意見もある。鼻の長さが色々な段階にあるゾウの化石が見つかって、それを見て変化の歴史をたどれるというのなら納得するが、そんなことはないではないか、というわけだ。これは一見、もっともな反論のようだが、じつのところそうではない。変化の途上の、中間段階の生物の化石が見つからないのには十分な理由があるからだ。

化石として残る生物はほとんどいない

この点も第6章で触れたが、生物のうち、化石として残るものは、ほんの一部にすぎない。残るためには、とてつもない幸運に恵まれる必要がある。むしろ、残らないほうが普通で、残るほうが特例と言える。だとすれば、化石を頼りに生物の歴史を調べても、ページのほとんどなくなってしまった本を読むようなもので、正確なことはまずわからないということになる。中間段階の化石が見つからなくても、なんの不思議もないというわけだ。次に、生物が化石となって長期間残るのがいかにたいへんなことかを具体的に書いてみよう。

化石が残る条件

生物が死ぬと、普通はすぐに、他の生物に食べられることになる。また、腐敗《ふはい》して消滅《しょうめつ》してしまう。特に、皮膚や筋肉、内臓などはまたたく間に消えてしまうだろう。骨や貝殻《かいがら》など、硬《かた》い部分のない生物は、それこそ跡形《あとかた》もなくなる。また、骨や貝殻も、柔《やわ》らかい部分よりは残りやすいが、それでも、地中に埋められず、波や雨にさらされていれば、早晩、腐敗して消滅する。つまり、化石になるためには、まずは死んだ後、あっという間に地中に埋められなくてはならないということだ。あるいは、何かの理由で生き埋めになるか、どちらかだ。

地中に埋められれば、それで安心かというと、そうはいかない。土地というのは、ときに隆起《りゅうき》をするからだ。隆起すると、いったん土に埋まっていたものが地表に出てしまうことがある。そうなると、せっかく保存されていた生物は、海の波や雨にさらされ、たちまち分解されてしまう。また隆起した土地は水に削《けず》られやすい。削られてしまえば、埋まっていた生物の化石は粉々になってしまうだろう。土地が隆起と沈降という動きを免《まぬが》れることはまずない。どんな土地でもいつかは隆起すると考えるほうが無難だ。では、土地が隆起しても、化石が残りやすいのは、どういう場合だろうか。それは、土の堆積層が非常に厚い場合か、硬い場合、あるいは、面積が広い場合だろう。土が厚く積もっていれば、多少、削られても、埋もれていたものが露出《ろしゅつ》する可能性は低くなる。化石が深いところにあれば、土とともに削られることも少ない。堆積層が硬ければ、削られにくい。堆積層の面積が広ければ、それだけ埋もれている化石も多くなり、大半は失われたとしても多少は残る可能性が高まる。

そうした条件に当てはまる堆積層ができる方法は、大きく分けて2つと考えられる。ひとつは、深海に土砂が堆積することだ。深海ならば堆積層は厚くなりやすい。ただし、深海には生物があまり存在していないため、必然的に化石として残る生物も極めて少なくなってしまう。もうひとつは、土地がゆっくりと沈降を続けている状態で土砂が堆積することである。沈降しているところに十分な土砂が流れ込めば、途中《とちゅう》であまり水に削られないため、堆積層は厚くなることができる。また、その場所が浅い海で、沈降の速度と、土砂の流入量が均衡《きんこう》していれば、浅い海のままでいられるので、生物も豊富に存在し、化石の材料が多く供給されることになる。堆積層がある程度以上、厚くなってから隆起すれば、化石のかなりの部分が残るだろう。

言うまでもなく、こうした条件が揃《そろ》うことはなかなかない。しかも、生物の種類が増えやすいのは、土地が沈降している時よりも隆起している時なのだ。土地が隆起すれば、陸地や浅瀬《あさせ》が増え、生物の生息場所が新たに作られることが多い。生息場所が新しくできれば、そのぶん、新たな生物種も現れることになる。反対に、土地が沈降していく時は、陸地や浅瀬が減っていき、生物種が次々に絶滅して減少していく傾向がある。新たな生物種は生まれにくい。化石に残る生物種も減ることになる。こうした理由から、たとえ過去に存在したとしても、化石として残らず、現在の私たちに決して知られない生物は非常に多いと考えられる。過去に存在した生物の大半を私たちは知りえないと考えるべきだ。

地層は連続していない

地層は古いものから順に並んでいる、と一般に考えられている。基本的にはそれで正しい。下の地層ほど、年代が古く、その地層からは古い生物の化石が見つかる。上から下へ順に掘り進めていけば、徐々に過去に遡《さかのぼ》れるはずである。ただ、現実はそう簡単ではない。地層は断絶しやすいからだ。世界中、どこへ行っても、いずれかの時代の地層が完全に欠落している、ということが起きる。

私は、以前、南アメリカの海岸線を何百キロにもわたって調べたことがある。そこには、「第三紀（注9-1）」の地層がまったくない。したがって、第三紀に生きたはずの生物の化石はいっさい、見つからない。なぜだろうか。それは、土地が長年にわたってゆっくりと隆起していたからである。土砂は流れこんできたのだが、土地が隆起しているため、波によってすぐに削られてしまい、堆積せず、地層を形成するにいたらなかったのだ。これは、南アメリカだけではなく、どこにでも起きることだ。土地が隆起と沈降を繰り返す以上、地層はどうしても断続的なものにしかならないのである。

地層が断続的なものだということを念頭に置かずに化石を調べると、生物の歴史を誤解してしまいやすい。ある時代に隆盛を誇《ほこ》った生物が次の時代にはまったく姿を消しているように見えることもある。反対に、少し前の時代にはどこにもいなかった生物が突如、大量に発生しているように見えることもある。

つい最近まで、哺乳類が第三紀の初めに突然、現れたと信じられていたのはその例だろう。この説の根拠は、第三紀以前の地層にまったく哺乳類の化石が見つからないから、というものだった。だが、調査の範囲を世界各地に広げれば、第二紀（注9-2）の地層からも哺乳類の化石が見つかることが、今はわかっている。たんに、たまたま調べた土地の地層に欠落があり、化石が見つからなかっただけなのだ。

クジラなども顕著な例だろう。少し前まで、クジラの祖先の化石は、第二紀の地層からはいっさい、見つからなかった。これは、クジラ目《もく》の生物が第三紀になって突然、出現した証拠だと言われていた。だが、近年の調査で、どうやらこの説は誤りらしいとわかってきた（注9-3）。

地層の厚さと時間の長さは比例しない

地層の厚さと、その地層に対応する時代の長さとは比例すると解釈《かいしゃく》しがちである。ある生物の化石が、厚い地層の上から下まで、どの地点でも多く見つかるようなら、その生物はかなりの長い期間、繁栄したと解釈する。これはたしかに正しいだろう。だが、その逆はどうか。薄い地層でしか化石が見つからない生物は、ごく短い間だけ生息し、すぐに絶滅したと考えていいのだろうか。この解釈は必ずしも正しくない。地層の厚さと時代の長さは比例しないのだ。

土地が隆起している時期には、いくら多くの土砂が流れこんでも、雨や波によって次々に削られてしまい、地層は厚くならない。隆起が長期間続けば、地層はごく薄くなってしまうだろう。あるいはまったく地層ができない恐れもある。薄い地層でしか化石が見つからないからといって、その生物の繁栄した時代を短いと判断することはできないのだ。

生物は移動する

また、化石によって生物の歴史を研究する際に注意すべきことは、「生物は移動する」ということである。同じ種の生物の化石が、さまざまな土地の少しずつ違う時代の地層から見つかることもある。だからといって、「同じ種の生物がいくつもの土地で個別に生まれた」というわけではない。たとえば、土地Ａで発生した生物が、しばらく後の時代に土地Ｂにも進出し、土地Ａでは気候変動によって絶滅したとしたらどうだろう。あるいは、土地Ａでは、ある時代以降の地層ができなかったとしたら。化石だけを見れば、まるで、まったく同じ生物が土地Ａと土地Ｂで個別に発生したかのようにも見えるだろう。特に、土地Ａと土地Ｂとで、化石が見つかる時代が連続していない場合にはそう見えやすい。

また、土地Ａで発生した生物が土地Ｂに移住した後、別の種と呼んでもいいほど大きく変化を遂げ、再び土地Ａにも進出する、ということもありえる。その場合、土地Ａの地層だけを調べていたら、その生物は、ある時代から突如、新種に生まれ変わったように見えるだろう。

このように、化石を調べる際には、生物が移動するということを考慮《こうりょ》に入れないと大きな誤解をする危険性があるので注意しなくてはならない。

地球の歴史の長さ

地球が誕生してから現在までに経過した時間はどのくらいなのだろうか。じつはこれは重要な問題である。私の理論が正しいとすると、生物の変化、多様化はきわめてゆっくりとしか起きないことになるからだ。なかには、そのことを根拠に、私の理論が誤っていると主張する人もいる。地球の歴史がそんなに長いはずはない。だから、ゆっくりとした変化ではとても現在のような多様な生物は生まれるはずがない、というわけだ。だが、はたして本当にそうだろうか。

もちろん、地球の歴史の長さがどのくらいかを知っている人は今のところ誰もいない（注9-4）。ここでは、これまでに得られている調査結果をもとに、一応の推定を試みてみよう。手がかりになるのは、地層である。地層は岩石のかけらや土砂が堆積したものである。先述のとおり、堆積しても次々に削り取られることもあるため、必ずしも時間が経過したからといって厚くなるわけではない。だが、厚くなるのに一定の時間を要することは確かである。薄いからといって、その地層ができるまでの所要時間が短いとはかぎらないが、厚ければそれだけ長い時間が経過していることは間違いない。また、かつて厚い地層が存在したのが明らかなのに、現在はそれが削り取られてなくなっている土地があるなら、少なくとも、削り取るのに必要な時間だけは経過していることになる。

ここで例にあげたいのは、イギリス南部のウィールド地方という土地である。ウィールド地方は、ノースダウンズとサウスダウンズという2つの丘陵《きゅうりょう》にはさまれた窪地《くぼち》だ。この土地は、過去に隆起した後、水の作用によって侵食《しんしょく》されて窪地になったのだと考えられる。隆起した土地は、今よりおそらく150メートルほど高かったと推定されるが、私の試算では、それがすっかり削られて現在の姿になるには、約3億年を要したことになる。ウィークフィールドの土地が隆起したのは、第二紀の後半らしい。つまり、それ以降だけで地球の歴史は3億年にもなるということだ。地球の歴史全体はその何倍もの長さなので、この計算が正しければ、生物の多様化には十分の時間があったということだ。

最古の化石

現在までに見つかっている最も古い化石は、シルル紀のものである（注9-5）。問題は、この時期の生物がすでに相当、複雑なものだということだ。また、中には、オウムガイのように、現在の生物とさほど変わらないものもいる。この事実を、私の説への反論の根拠とする人もいる。現在と変わらない生物がそんな過去にいたのなら、神がすべての生物を一度に創ったと考えてもいいのではないか、というわけだ。また、いきなり複雑な生物が現れるのであれば、単純な生物が長い時間をかけて複雑な生物になったという考え方も間違っていることになる。

しかし、これだけで私の説が間違っているとは言い切れない。地球の歴史はシルル紀から始まっているわけではない可能性が高いからだ。それ以前にも、シルル紀から現在までと同じくらい、あるいはそれ以上の長さの歴史があったと私は信じている。そして、シルル紀以前にも大量の生物がいたはずである。

では、大量にいたはずの生物の化石が見つからないのはなぜだろうか。その理由としては、まず、長い時間が経過するうちに土地が沈降と隆起を繰り返し、隆起したときに水の作用で削り取られてしまったということが考えられる。また、熱や圧力によって失われたのかもしれない。だが、それだけですべての説明がつくわけではない。現在のところ、古い生物の痕跡が見つからない確たる理由はわからないが、いずれはこの疑問にもなんらかの答えが出るのではないかと思う。

＜注9-1＞
ダーウィンの時代で言う「第三紀」は、現在は「新生代」と呼ばれている。約6500万年前から現在までを指す。

＜注9-2＞
ダーウィンの時代で言う「第二紀」は、現在は「中生代」と呼ばれている。約2億5000万年前から約6500万年前までを指す。

＜注9-3＞
現在、クジラは新生代になってから現れた生物とされている。DNA解析《かいせき》によって、じつはカバに近い生物であることがわかった。

＜注9-4＞
現在、地球の歴史は約46億年というのが定説になっている。

＜注9-5＞
シルル紀は、現在では約4億4000万年前から4億1000万年前とされる。古生代に属する。

第10章

生物の連続性

生物の変化速度は一定ではない

すでに書いてきたとおり、一般に、生物は時間が経つにつれ、徐々に変化していく。どの生物も変化は非常に遅く、みるみるうちに変わっていくということはない。そして、その速度には生物ごとに違いがある。比較的速く変化する生物もいれば、遅く変化する生物もいるということだ。シャミセンガイのように、誕生した頃からまったく変わっていないと思われる生物もいるし、甲殻類のように、短い期間で祖先とは似ても似つかないものに変わってしまった生物もいる。また、陸の生物は海の生物より変化が速いようだ。

変化の速度がどの程度になるかは、生息地域の環境や、競合する他の生物との関係など、種々の要因によって決まる。一概には言えないが、総じて言うと、単純な生物よりも複雑な生物の方が変化が速いように見える。それは、複雑な生物ほど、環境や他の生物と複雑に影響し合うせいだ。いろいろな影響を受ければ、それだけ変化する可能性が高まる。

繁栄している属、絶滅に向かう属

周囲の環境に適応し、他の生物との競争にも勝った種は、数を急激に増やすことになる。数が増えれば、必然的に個体差が多く生じる。その個体差の中には、生存、繁殖を有利にするものも多く含まれるだろう。したがって、急激に数を増やした種には、変種や新種が生まれやすくなるということだ。繁栄している種ほど変化が速い、ということである。

逆に、競争に勝てなかった種は、数を増やすことができない。数が増えなければ、個体差も生じにくく、変種や新種も生まれにくい。短期間のうちに絶滅はしなかったとしても、長らく新種も生じず、元の姿のままで生き続けることになるだろう。つまり、繁栄していない種は、変化が遅い、ということになる。また、周囲に競争相手が少ない生物は、長い間、変化しないまま生き残ることがある。長い間、変化していないということは、そのぶん、「改良」が進んでいないということでもある。競争相手が少なければ、食物などの資源を容易に手に入れられる。しかし、競争相手がいる場合には、資源を手に入れるための能力を改良しないと横取りされてしまう恐れがある（能力の改良の例としては、走る速度を上げる、視覚、嗅覚を発達させるといったことがあげられる）。競争相手がおらず、変化をしていない生物はそれだけ、競争力が低いということになるのだ。孤島などに外来生物が入り込むと、土着の生物が急激に数を減らすことがあるのはそのせいだろう（注10-1）。

変化せず、変種も新種もあまり生まれない生物は繁栄、停《てい》滞《たい》、あるいは衰退《すいたい》していると考えて間違いないだろう。衰退を始めた生物は遠くない将来、絶滅に向かうことになる。

一度滅びた生物が復活することはあるか

生物は、過去の歴史の中で多数、絶滅してきたと思われる。では、一度滅びた生物が再び姿を現すことはあるのだろうか。私は、それは絶対にあり得ないと考えている。どの生物にも、その祖先となった生物がいる。あらゆる生物は、祖先の生物が長い時間をかけて徐々に変化した結果、生まれたのだ。

たとえば、急激な気候変動が起き、ある生物がその変動に適応できず、絶滅したとしよう。しばらく後に、気候が元に戻《もど》ったとしても、いったん絶滅した生物は蘇らない。絶滅した生物を蘇らせるには、まずその生物の元になった祖先の種がその場にいなくてはならない。その祖先が再びまったく同じ変化を遂げなければ、絶滅した種は戻ってこないのだ。自然界でそんな条件が揃うことはありえない。

人間が飼育する生物ならば、少し状況は違うかもしれない。たとえば、ファンテール種の鳩が何らかの理由で絶滅してしまったとする。その場合、ファンテール種は二度と復活しないのだろうか。そうとは言い切れない。すべての家畜鳩の共通の祖先と考えられるカワラバトさえいれば復活の可能性はある。カワラバトを元に、慎重《しんちょう》な人為選択を繰り返していけば、ほぼ同じ特徴を持った鳩が再び現れることはあるだろう。絶滅したファンテール種とまったく同じものと呼んでいいかどうかは難しいが、いちおう、そっくりなものを蘇らせることはできるに違いない。ただし、カワラバトも絶滅したとすれば、もはやファンテール種の復活は不可能である。他の飼育鳩からでも多少、似た種は作れるかもしれないが、どうしても、ファンテールにもカワラバトにもない余分な特徴が残ることになってしまう。

アメリカ大陸のウマ

ヨーロッパ人がアメリカ大陸に移住し始めたとき、そこにウマという動物はいなかった。現地の人たちもウマを見たことがないようだった。しかし、ヨーロッパから人に運ばれてきたウマたちはアメリカ大陸の環境に順応し、大変な速さで数を増やしている。つまり、現在のアメリカ大陸の環境は、ウマが生きるのに適しているというわけだ。

奇妙なのは、アメリカ大陸からはウマの化石が見つかるということである。かつてはアメリカ大陸にもウマがいたのだ。にもかかわらず、いずれかの時点で絶滅してしまったことになる。この事例は、環境に順応できても、生物が繁栄するとはかぎらないということの証拠かもしれない。では、なぜアメリカ大陸ではウマが滅びたのか。理由は今のところわからないが、他の生物との競争に敗れたということも十分に考えられるだろう（注10-2）。たとえ、似たような環境であっても、競争相手の違いによって、同じ生物が繁栄したり、絶滅したりするということだ。

生物は世界中で同時に変化するか

化石を調べていて驚くのは、生物は世界中でほぼ同時に変化しているように見えることである。もちろん、例外は多くある。細かく見ていけば、地域ごとに違いはあるのだが、それでも全体としては全世界で共通の変化が起きているように見える。どの時代でも、繁栄している生物は世界中で共通しているのだ。その傾向は特に海の生物について顕著である。たとえば、アンモナイトの化石は、世界各地の白亜紀《はくあき》の地層から見つかる。白亜紀には、世界中の海に同じようなアンモナイトが分布していたということだ。では、なぜこういうことが起きるのか。生物が時代の変化を感じ取って一斉《いっせい》に姿を変えた、ということなのだろうか。

おそらくそんなことはないだろう。この現象は、私の自然選択の理論で説明できる。ある生物が、世界の中の特定の地域で新たに生まれたとする。その生物に競争上、なにか非常に有利な特徴があったとすれば、急激にその数を増やすはずである。急激に増えれば、その中の一部は、もともとの生息域を離れ、別の地域に移り住むだろう。その場でも競争に勝てば、また数が増え、生息域はさらに広がっていく。それが繰り返されることで、やがては世界全体にまで広がるということはありえる。広い範囲に移動していく過程で、生物は少しずつ変化を遂げると思われるので、地域ごとに微妙な違いは生じる。だが、それでも基本的にはほぼ同じ形態、性質を持った生物が世界中で見られることになるのだ。

陸の生物より海の生物のほうが地域ごとの違いが少ないという事実も、この説明の正しさを証明していると思われる。海は、世界中、ほぼ切れ目がない。海の中であれば、世界中のどこへも自由に移動できる。何かの障壁《しょうへき》で移動を阻《はば》まれるということはまずないのだ。しかし、陸ではそうはいかない。陸の場合は、高い山や大きな川などがあれば、それで移動が阻まれる可能性がある。また、陸の生物にとって海は最大の障壁である。海を渡って別の陸地に移動するということは困難だろう。そのため、孤島の生物は他の陸地とは異なっていることが多い。

新しい生物のほうが高等か

生物を「高等」、「下等」などと表現することがある。後の時代に現れた生物ほど「高等」とみなすことが多いようだ。ただ、何をもって「高等」「下等」とするのか、その定義については、今のところ研究者の間でも意見が一致《いっち》してはいない。たしかに三葉虫に比べてウシやウマなどの哺乳類は「複雑」な生物かもしれない。複雑か単純かということなら明確に判断ができるし、人による意見の違いは生じないだろう。だが、複雑だからといって、ただちに高等とは言い切れない。

ただ、私は、ある限られた意味においては、新しい生物のほうが「高等」と言ってよいのではないか、とも考えている。生存競争を勝《か》ち抜く能力、という点では、一般的に言って新しい生物のほうが古い生物よりも優っている、つまり高等だろうと考えられるからである。

なぜ、そう言えるのか。それは、生物の多くは常に他の生物との生存競争にさらされているからである。競争に勝つためには、他の生物より何か優れた特徴を持っていなくてはならない。生物Ａに生物Ｂが勝ったとすれば、ＢはＡに比べて何か優れた特徴を持っているということだろう。もし、新たに生じた生物ＣがＢに勝とうとすれば、Ｂよりさらに優れた特徴が必要だ。その繰り返しが長い年月続いてきたのだとすれば、遠い過去の生物は現代の生物と競争してもほぼ勝ち目がないということになる。

この考えは、ニュージーランドなどの孤島にヨーロッパの生物を持ち込んだときに起きたことを見ればおそらく正しいと考えられる。ヨーロッパの生物がニュージーランドに入り込むと、多くの場合、土着《どちゃく》の生物が競争に敗れてしまうのだ。ヨーロッパの生物のほうが生存競争を勝ち抜く能力という点では優れているということになる。ニュージーランドは孤島のため、遠くから新しい生物がやってくるということはあまりなかった。つまりどの生物も競争相手が少ない中で生きてきたのだ。競争にさらされないということは、遠い過去からさほど変化することなく生き続けてきたことになる。生存競争のための能力も遠い過去から、ほぼ向上していないと予想される。そこへ、長年の生存競争で鍛《きた》え上げられたヨーロッパの生物が入り込めばひとたまりもなく負けてしまうだろう。現実にそのとおりのこと起きているのだ。

環境と生物の種類との関係

有袋類《ゆうたいるい》と呼ばれる生物は、現在、ほぼオーストラリアにしか存在しない。そして、化石を調べると、オーストラリアに住む哺乳類は、かなり前の時代から現在見られる有袋類に近いものだったことがわかる。これは何を意味するのだろうか。オーストラリアという土地の環境が何か、有袋類という生物を生み出す原因になっているのだろうか。他の土地にはその原因となるものがないため、有袋類が存在しないということなのか。

おそらくそうではない。じつは、ヨーロッパなど、オーストラリア以外の土地にも過去には有袋類が存在したことがわかっている。では、なぜ、現在はいなくなってしまったのか。それは、より新しい哺乳類との生存競争に敗れ、絶滅したためだろう。オーストラリアは、他から隔離されていたために、新しい競争相手が現れず、有袋類が絶滅せずに現在まで残っていると考えれば辻褄《つじつま》が合う（注10-3）。土地ごとに生物の種類が異なるのは、必ずしも土地ごとに環境が異なるからではないということだ。

＜注10-1＞
日本でも、同様のことが起きており、外来生物の持ち込みを規制するなどの対策がとられている。

＜注10-2＞
現在、ウマは北アメリカ大陸原産の生物とされている。ただし、北アメリカの原種は数千年前に絶滅したとされる。

＜注10-3＞
この見解は、現在の目から見ても正しいと考えられる。

第11章

生物の分布

複数の地点で同種の生物が生まれることはあるか

生物の中には、特定の地域だけに生息するものもいれば、広い範囲に分布するものもいる。互いに遠く離れた複数の地域に同時に存在するものもいる。たとえば、ヨーロッパとアメリカの山岳《さんがく》地帯には、両方に共通の生物が多く見つかる。こういう生物はどのように生じたと考えればいいのだろうか。それには2通りの考え方がある。

ひとつは、世界のどこか特定の地点で生まれた生物が移動して、遠く離れた地域にまで広まった、という考え方。もうひとつは、遠く離れた複数の地点で偶然、同じ種類の生物が生まれた、という考え方。ヨーロッパとアメリカという、まったくかけ離れた地域に同種の生物が存在するのを見ると、一見、後者が正しいような気もする。陸上の生物が広い大西洋を越《こ》えて移動したとは、なかなか思えないからだ。

だが、同じ種の生物が複数の場所で生まれることは、ほぼありえないと私は考えている。なぜなら、そのためには、同一の祖先種が同時に複数の場所にいて、しかも、両者がまったく同じ環境、同じ競争相手にさらされる必要があるからだ。そんなことが起きる確率はほとんどない。したがって、いくら遠く離れていようと、いくら移動が困難に見えようと、どこか一箇所で生まれた生物がいくつもの場所へ移動したと考える方が無理が少ないのだ。

この章では、生物がいかにして遠くまで移動していくか、移動にどのような手段がありうるか、ということを書いていきたい。

陸地や海は変化する

生物の移動について考える際に、まず念頭に置いておくべきことは、今、陸地である所が過去から一貫して陸地であったとはかぎらない、ということだ。また、逆に、今、海である所が一貫して海であったともかぎらない。気候が変動すれば、海の水位が上下し、海だった所が陸に、陸だった所が海に変わることは十分にありえる。海だった所が陸に変われば、陸の生物は容易にその場所を通って移動できるようになるだろう。陸だった所が海に変われば、海の生物は容易に移動できるようになる。また、平地だった所が高い山や深い谷に変わることもあるだろうし、その逆もあるだろう。つまり、今は移動がとてもできないと思える場所でも過去には移動が可能だったかもしれないし、反対に、今は移動が可能な場所だが、過去には不可能だったということもあるのだ。

植物の移動

当然のことながら、植物には足がない。足がない植物が遠くへ移動したとは考えにくいかもしれない。しかし、植物には非常に優れた移動能力があるのだ。注目すべきは、「種子」である。植物の種子は、陸上を遠くまで移動できるだけでなく、広い海を渡ることもできる。

種子が遠くへ移動する際に、大きな役割を果たすと思われるのは、鳥である。植物のなかには、果実の中に堅《かた》い種子が入っているものがある。果実を鳥が食べると、種子だけはまったく消化されずに糞として外に出されることが多い。つまり、鳥が飛べる範囲内であれば、どこまででも遠くへ行けるのである。また、鳥には「嗉嚢《そのう》」と呼ばれる消化器官がある。ここは、食べた物が一時的に蓄《たくわ》えられる場所である。調査によると、種子を食べてから12時間から18時間は嗉嚢《そのう》に蓄えられるようだ。また、蓄えられている間、種子は無傷のままである。その間に、タカなどの餌になることもある。タカに襲われたときに嗉嚢《そのう》が破れると、中の種子が飛び出して、落ちた場所で発芽することも多い。また、タカやフクロウは獲物を丸呑みにすることがある。そして、その12時間から20時間後に、「ペレット」を吐《は》き出す。ペレットとは、骨や羽毛など消化できないものの塊《かたまり》である。私は、このペレットの内容を動物園にいる猛禽類《もうきんるい》で実際に調べたことがあるが、カラスムギや小麦、キビ、ビートなどの植物の種子が多数含まれていることが確認できた。その多くは発芽できる種子で、ビートの種子の中には、飲み込んでから2日と14時間後に吐き出されたにもかかわらず、発芽できたものもあった。

ただ、鳥の力だけですべてを説明できるとはかぎらない。鳥が飛ばないような遠い島や大陸にまで、植物が移動している場合があるからだ。鳥の力を借りずに種子が海を渡れなければ、そんな移動はできない。種子が長期間、海に浮かんで遠くへ流されて行き、しかも流された先で発芽する、ということが起きる必要がある。そんなことはありえるのだろうか。私は実際に種子がどのくらい海の水に耐えられるか実験をしてみた。87種類の種子を海水に28日間浸《ひた》してみたのである。すると、なんと、87種類のうちの64種類の種子が、28日間海水に浸《つ》かった後も発芽可能だった。ただし、その実験に使った種子は海水に浸すと沈《しず》んでしまったので、海に漂うということはできそうにない。

この結果だけを見ると、種子が海を渡ることは不可能に思える。しかし、種子は単独で海に流されるとは限らない。熟した果実のついた木の枝が、枝ごと流されるということもあるだろう。枝は、種子より浮力《ふりょく》が大きいので、海に浮かびやすいだろう。また、木が乾燥していればさらに浮かびやすいと思われる。自然界でも、木の枝が洪水《こうずい》でいったん流されてから、どこかで乾燥させられた後に海に流されるということはあるだろう。そう思った私は、熟した果実のついた94種類の植物の枝を乾燥させ、海水に浸けてみた。大半は沈んでしまったが、なかには長期間浮いているものもあった。たとえば、ヘーゼルナッツは90日間浮き続け、その後でも種が発芽することが確認できた。アスパラガスも85日間浮き続け、その後に蒔《ま》いた種はやはり発芽した。

私が行った実験の結果を総合すると、どの土地の植物でも、全体の15パーセントくらいは海に1ヶ月近く浮かんでいられるだろうと予測できる。資料によれば、大西洋の海流の平均速度は53キロメートル／日なので、28日間、海に浮かんでいれば、最大で約1500キロメートル先まで移動でき、たどり着いた土地で発芽できることになる。

その他、種子を遠くへ運ぶのには、氷山も大きな役割を果たしていると考えられる。大西洋上に浮かぶアゾレス諸島は、ヨーロッパ大陸から1000キロメートルほど離れているが、大陸と共通する植物が多く見られる。しかも、本来、アゾレス諸島よりも高緯度《こういど》に生息するような植物が多い。これはおそらく、氷河時代に氷山によって運ばれた種子が発芽したためだろう。

氷河時代の影響

地球にはかつて、現在よりもかなり寒冷な時代があった。それは確かである。その時代は一般に「氷河時代」と呼ばれている。この氷河時代が今からどのくらい前だったのか、正確なことはまだわかっていない（注11-1）。しかし、地質学的に見れば、さほど昔ではないだろう。地質学では、1万年や10万年でさえ、ほんの一瞬《いっしゅん》のように扱うからだ。ともかく、堆積物《たいせきぶつ》などを見れば、ヨーロッパや北アメリカの気候が極寒で、広い範囲が氷河で覆われていた時代が遠くない過去に存在したことは疑いようがない。

氷河時代の到来《とうらい》は、生物の分布に大きく影響しただろう。また、現在の一見、不思議な生物分布も、この氷河時代の存在を理由に説明できる場合がある。遠く離れたヨーロッパとアメリカの山岳地帯で同種の植物が見つかる、ということはすでに述べたが、これについても説明が可能だ。

氷河時代がくる際には、気候が徐々に寒冷化していったと考えられる。すると、もともと、北極地方に生息していた生物は南へと移動するだろう。また、高山に生息していた生物は平地へと移動する。この現象は、ヨーロッパでもアメリカでも同様に起きただろう。気候が寒冷化すると、それまで海だったところでも、陸になる場合がある。そのため、今は隔絶されているヨーロッパとアメリカも陸続きの時代があったと考えられる。その時代には、陸の生物は両大陸をほぼ、自由に行き来できたはずだ。

氷河時代がある程度、長く続けば、アメリカとヨーロッパの生物分布は似通ったものになっただろう。そして、今は緯度《いど》の高い場所や高山などにのみ生息している生物が、広い範囲にいたと考えられる。だが、その後、気候が温暖化したとしたら、どうなるか。

気候が温暖化すると、それまで比較的南に場所にいた生物は全体に北へと後退していく。また、低地にいた生物の一部は高地へと移動する。海面は上昇《じょうしょう》するので、アメリカとヨーロッパの間での生物の自由な行き来は難しくなる。それで、低地の生物はそれぞれの土地で独自に変化していくことになる。南から、それまでとは違う新しい競争相手がやって来るので、生存競争の結果、両大陸の生物分布はいずれ、互いに大きく異なったものになるだろう。しかし、高山に取り残された生物の場合は事情が違う。高山には、新たな競争相手が侵入しにくいからだ。そのため、海に隔離された孤島のように、長い間、生物が変化しないまま存続する可能性が高い。結果的に、アメリカとヨーロッパの高山に似たような生物が残ることになる。おそらくそう解釈して間違いないと考えられる。

＜注11-1＞
氷河期は、地球の歴史上、何度も繰り返し起きている。現在のところ、最後の氷河期は約1万年前に終わったとされる。ただし、今後、再び氷河期が起きるかどうかはわからない。

シャミセンガイ

第12章

生物の分布
(前章から続き)

生物の分布に関する難題

すでに書いたとおり、私は、どの生物も必ず世界のどこか一箇所《いっかしょ》で誕生したと考えている。どれほど広い地域に分布している生物であっても、それは同じことである。ただ、この私の説を脅かすような事例がいくつか見つかっていることは確かだ。どこか一地点で誕生した生物があちこちへ移動したのではなく、まったく同じ生物が世界の複数の地点で偶然に誕生したように見える事例があるのだ。この章では、その中でも特に難題と思われる事例について考察してみたい。私はあくまで自分の説が正しいと信じている。次に書くことを読めば納得してくれる人は多いと思う。

淡水《たんすい》の生物

海は広く、ほとんどすべてがつながっている。海の生物ならば、どこか一箇所で生まれたものが広い範囲に分布するようになってもさほど不思議ではないだろう。だが、淡水となると事情は大きく変わってくる。たとえば、ごく近くに存在する川であっても、必ず陸地に隔てられることになる。川に生息する生物は、ほとんど陸地では生きられないのだから、陸を通って隣の川に移動することは不可能だろう。また、海を通って移動することもやはり難しい。淡水に生きる生物は、海水に浸かると死んでしまうのが普通だからだ。そう考えれば、生物の種類は、川ごとにまったく異なっているのが当然のように思える。複数の川に共通して生息する生物がいることなどありえないはずだろう。

しかし、現実はそうではない。複数の川や湖に生息する生物は決して珍しくないのだ。たとえば、私はブラジルの淡水域で生物の採集をしたが、水生の昆虫や貝類などはイギリスのものとよく似ていた。これは驚くべきことである。すぐそばでも移動が難しいのに、これほど遠い国で、淡水の生物が似通っているというのはじつに不思議だ。しかも、陸上の生物を見るとブラジルとイギリスでは大きく違っているのだ。

いったい、淡水の生物はどうやって遠くまで移動するのだろうか。必ず何か移動の手段があるはずである。淡水の生物、といえばまず淡水魚だが、淡水魚が別の大陸にまで移動することはありえないだろう。ただ、同じ大陸の上ならば、移動することはあると考えられる。実際に、一つの大陸の広い範囲に分布している淡水魚はいるからだ。ただ、その分布は非常に気まぐれなものだ。たとえば、ある川に生息する魚が、すぐそばの別の川にはおらず、もっと遠いところの川にはいる、ということもあるのだ。移動の手段として考えられるのは、まず「竜巻《たつまき》」である。インドなどでは、実際に竜巻のときに魚が空から降ってくることがある。竜巻によって川から川へと運ばれることもないとは言えないだろう。また、魚の卵は、水から出てもしばらくは生きているので、卵の状態で移動することもありえる。他には、土地の隆起や沈降などが魚の移動の原因になった可能性もある。土地の高さが変化することで、元々は別の川だったものが合流するということはあるだろう。また、隆起や沈降が起きなくても、洪水などによって川が合流することはある。

険しい山脈の両側では、通常、淡水魚の種類が大きく異なっている。この事実も重要だ。移動ができないかぎり、魚の分布が広がらないことを証明していると言えるからだ。険しい山脈が間にあれば、どのような手段を使っても、それを越えて淡水魚が反対側に移動することは困難だろう。また、重要なのは、淡水魚の中でも古い種ほど広い範囲に分布している、ということだ。種が古いということは、その種が生まれてから長い時間が経過しているということであり、それだけ、環境が変化する時間があったということである。長い時間があれば、竜巻も多く起きるだろうし、分かれていた2つの川が合流するということも繰り返し起きるだろう。そうすれば、魚があちこちに移動する機会も増えるはずだ。

また、海水魚は、注意深くゆっくりと慣らしていけば、淡水に住めるようになることがある。海水魚が淡水魚化する可能性はおおいにあるということだ。したがって、ある種の海水魚が、いずれかの時点でいくつかの川に入り込み、それぞれがやがて完全な淡水魚に変化したということはあるだろう。川に入り込んだ後は、環境や競争相手の影響で独自に変化を遂げるため、少しずつ違った魚になるだろうが、祖先種が同じなので、かなり似ているはずである。もし、祖先種となった海水魚が絶滅してしまったら、どのようにして川から川へと移動したのかが非常にわかりにくくなるだろう。

貝が空を飛ぶ

淡水の貝の中には世界中に分布しているものもいる。貝が陸地を歩いて遠くまで移動したとは考えにくい。しかも、淡水の貝は、海水に浸かると死んでしまう。成体だけでなく、卵もそうなので、淡水の貝の卵が海に流されて波に運ばれていった、という説明もできない。

では、どのようにして遠くへと移動したのか。私が調べたところでは、どうやら淡水の貝のうちの少なくとも一部は「空を飛んで」移動したらしい。もちろん、貝自身は空を飛べない。鳥の力を借りるのだ。水鳥は、池などの水の中に脚を入れて泳ぐ。また、餌を食べる時には、くちばしを水の中に入れる。その時、脚に稚貝がつくこともあれば、小さな貝が付着した浮き草の切れ端がくちばしにつくこともあるのだ。どちらも私は実際に目にしたことがある。付着したものがある程度以上、軽ければ、簡単にはふるい落とされないし、私が確かめたところでは、孵化《ふか》したての稚貝は、カモの脚にしっかりとしがみつくことができる。しかも、空気が湿《しめ》っていれば、そのままの状態で12時間から20時間くらいは生きていられることがわかった。カモは、この時間で1000キロメートルくらい移動することがある。そして、移動先でも必ず、池や小川に入るはずだ。その他、ゲンゴロウモドキなどの昆虫に付着する貝もいる。昆虫も鳥ほどではないだろうが、かなり遠くまで飛ぶことができる。それで分布を広げた貝も数多くいたに違いない。

淡水植物の移動

淡水の植物の中には、海を越えて別の大陸まで、あるいは絶海の孤島まで分布を広げているものが多くいる。これも、おそらくかなりの部分は、鳥の力によるのだろう。シギやチドリのように、水際の泥《どろ》の上を歩く鳥は、脚に泥を付着させたまま飛び立つことが多い。チドリの仲間は、相当、遠くまで飛んでいき、しかも、途中の海に降り立つことはまずない。大部分は、泥を付着《ふちゃく》させたまま、別の陸地にたどり着くことになる。この泥の中に、淡水性植物の種子が大量に含まれていることがよくあるのだ。

私は、小さな池の端《はし》の3箇所から、それぞれスプーン1杯《ぱい》分の泥を採取し、その中にどのくらい植物の種子が含まれているかを調べてみた。泥を6ヶ月間置いて、その中から芽が伸びる度に引き抜いて本数を数えたのである。本数は全部で537本だった。わずかスプーン1杯の泥に少なくともそれだけの数の種子が含まれていたということだ。淡水の植物の分布範囲が広い理由は、これだけでかなり説明できるだろう。

水鳥は脚で泥を運ぶだけではない。川や湖の魚を食べることもある。そして、その後で出すペレットや糞に植物の種子が含まれていることもある。その種子の多くは発芽能力を維持しているので、遠く離れた川や湖で繁茂することは十分にありえるだろう。

孤島の生物

大きな陸地から遠く離れた孤島にも、通常は何らかの生物がいる。その生物たちは、おそらく近くの大きな陸地からやって来たのだと思われる。それを裏づける証拠はいくつかあげられるが、まず重要なのは「孤島に住む生物には種類が少ない」ということである。たとえば、ニュージーランドは、南北約1250キロメートルもの広さで、自然環境も多様だが、生息する生物の種類は非常に少ない。たとえば顕花《けんか》植物（花をつけ、種子を作る植物のこと）はわずか750種である(注12-1)。多様な生物が生きられる自然環境を有しているのにもかかわらず、生物の種類が少ないということは、その原因は環境ではないということになる。これは、海を渡ってその島にやって来ることができた生物の種類が限られているせいだ、と考えるべきだろう。生物の中には、鳥や波に運ばれて、孤島にやって来ることのできるものもいれば、それがまったく不可能なものもいる。どうしても移動の手段がないものは島に来られないのだ。

生物の種類が少ないだけでなく、偏《かたよ》っていることも、この考えの正しさを証明すると思われる。多くの場合、孤島には哺乳類がいない。また、カエルやイモリなどの両生類もいないことが多い。島の環境が哺乳類や両生類に適していないとは言えない。現に、ヨーロッパ人が持ち込むと、急激に数を増やすことが多いのだ。これはやはり、移動の手段がなかったため、と考えるべきだろう。哺乳類は、貝類などのように鳥の脚にしがみついて運ばれるわけにはいかない。木の枝に乗って流されたとしても、そう何日間もは生きられないだろう。両生類にも同じようなことが言える。両生類は、成体も卵も海水に浸かるとすぐに死んでしまう。そうだとすると、海を渡ることはかなり難しくなるだろう。

さらに、他の哺乳類がまったくいない孤島でも、コウモリだけはいる、ということも多い。コウモリには翼があるので、海を越えて遠くまで移動できた、と考えていいだろう。創造主がその島ではコウモリだけを作って他の哺乳類を作らなかったのだ、という説明には無理がある。コウモリが大西洋の沖合《おきあい》を飛んでいる姿を見た人はいる。北アメリカのコウモリの中には、定期的にバミューダ島に渡るものもいる。北アメリカ大陸からバミューダ島までの距離は約1000キロメートルである。つまり少なくとも1000キロメートル離れた孤島までコウモリは移住が可能ということだ。

ガラパゴス諸島

私は探検船ビーグル号での航海の途中、南アメリカ大陸から約1000キロメートル離れたガラパゴス諸島に立ち寄った(図12-1)。赤道直下の島々である。このガラパゴス諸島に住む生物は、陸の生物も海の生物も、もともとは南アメリカ大陸で誕生したものであると考えられる。南アメリカ大陸の生物とまったく同じではないものの、祖先は共通であるとわかる顕著な特徴を備えているのだ。

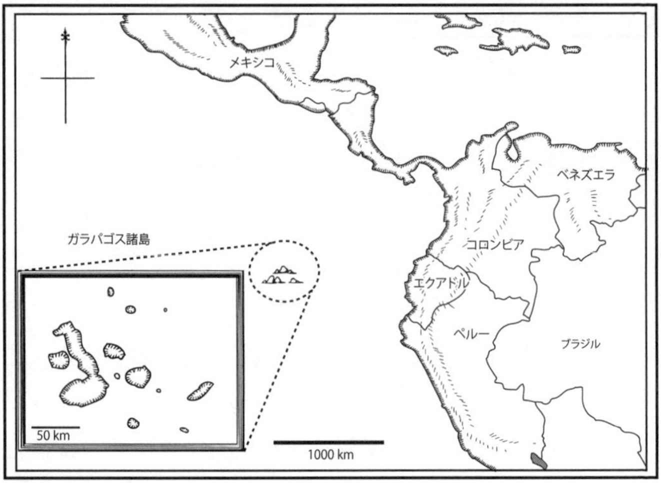

図 12-1　ガラパゴス諸島

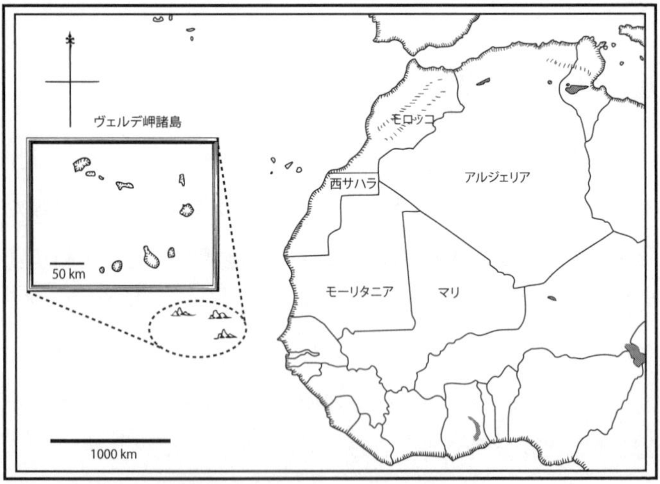

図 12-2　ヴェルデ岬諸島

たとえば、ガラパゴス諸島に生息する陸鳥26種のうち、25種は固有の種だが、習性や仕草、鳴き声などの特徴を見れば、どれも南アメリカ大陸の鳥たちと関係があるとすぐにわかる。同じことは、陸鳥以外の生物にも言える。

ガラパゴス諸島の自然環境は、南アメリカ大陸とは大きく異なっている。ガラパゴス諸島に自然環境が似ている場所と言えば、アフリカ西岸沖のヴェルデ岬諸島《みさきしょとう》などがあげられるだろう（図12-2）。気候や高度、島の大きさなどにおいて、両者はよく似ている。しかし、そこに生きる生物はまったく異なっているのだ。ヴェルデ岬諸島の生物は、ガラパゴス諸島よりは、はるかにアフリカ大陸の生物に似ている。つまり、ガラパゴス諸島には南アメリカから、ヴェルデ岬諸島にはアフリカから生物が移住してきたと考えるのが妥当ということである。

島ごとの違い

すでに書いたとおり、ガラパゴス諸島の生物は、南アメリカ大陸の生物と似てはいるが、まったく同じではない。これは、移住してから長い時間が経過しているためと考えられる。長い時間のうちには、もともとの居住地であった南アメリカ大陸の生物たちは変化していくだろう。そして、同時に、ガラパゴス諸島に移住してきた生物たちも独自に変化をする。その結果、しだいに違いが大きくなっていったというわけだ。

これと同じことは、じつはガラパゴス諸島の中でも起きている。ガラパゴス諸島はいくつもの島からなるが、たとえば、マネシツグミなどは、島ごとに外見や生態が少しずつ違っているのだ（注12-2）。これは、諸島内のいずれかの島にたどり着いた祖先が、徐々に他の島に広がっていったためと思われる。はじめはまったく同じだったものが、時間が経つにつれ、それぞれに独自に変化して、違いが生じたというわけだ。

近くの島ならば、簡単に行き来できるのだから、すぐに混ざり合ってしまうのではないか、島ごとに違った特徴が生じることはないのではないか、という考えもあるだろう。特に、マネシツグミなどの鳥の場合には、空を飛んで島から島へとすぐに移動できるはずである。にもかかわらず、島ごとに違った特徴を持っているのはおかしいのではないか、と言う人はいるに違いない。しかし私は、その考え方は正しくないと思う。環境や競争相手となる生物は島ごとに違う。だとすれば、生存に有利となる特徴も島ごとに違っているはずだ。もともと同じ種の生物であっても、個々の島で少しでも生存に有利になる変化を遂げたとしたら、後から移動してくる者がいたとしても、競争に勝ち、排除できるはずである。そのため、混ざり合うことはなく、島ごとの違いは保たれるのだ。

移動ができても広く分布するとはかぎらない

ここまで見てきたように、生物が広い範囲に分布するためには、何か移動のための手段がなくてはならない。ただ、たとえ移動の手段があったとしても広く分布できるとはかぎらない。遠くまで飛べる鳥でも、またその鳥によって運ばれる生物でも、行き着いた先で、先住者との競争に勝てるとはかぎらないからだ。

もうひとつ言えることは、古くから地球上に存在する単純な生物ほど、広い範囲に移動した可能性が高い、ということだ。誕生してから長い時間が経過しているので、そのぶん、偶然、遠くへ移動できる機会も多くあったはずだ。また、たどり着いた先で変化を遂げ、競争相手に勝利して生き残ることも多かっただろう。さらに、単純な生物ほど、卵や種子も一般に非常に小さくなるので鳥などに運ばれやすくなる。

単純な生物が遠い過去に世界各地に広がり、その後、それぞれの場所で複雑な生物へと変化を遂げていったということもあるかもしれない。そうして、世界中が多様な生物に覆われることになったというわけだ。創造主が一つひとつの生物を個別に作ったという説明より、このほうがはるかに説得力があると私には思える。

＜注12-1＞
ガラパゴス諸島でのダーウィンについて詳しくは「訳者まえがき」を参照。

＜注12-2＞
ダーウィンは、マネシツグミの他、イギリスへの帰国後、フィンチについても同じことを発見している。現在はフィンチのエピソードのほうが有名。「訳者まえがき」を参照。

第13章

生物の分類

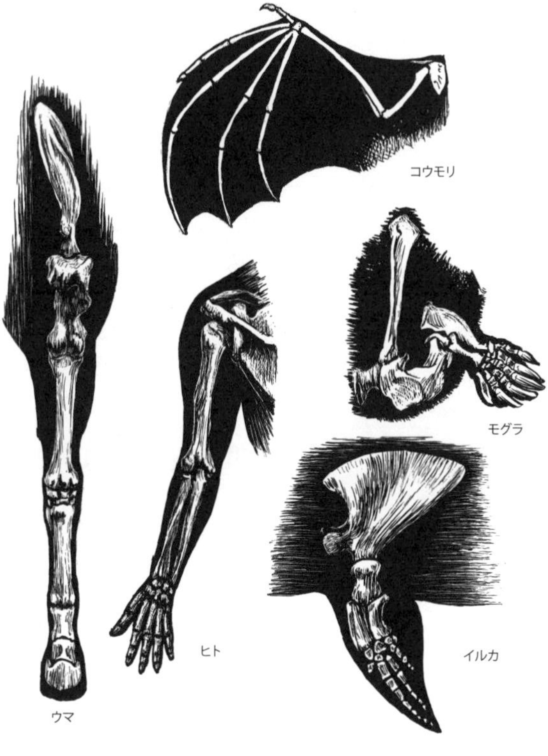

生物の分類の基準は？

生物の分類には、種、属、科などの「階級」がある（注13-1）。いくつかの種が集まって属が、またいくつかの属が集まって科が形成される、という具合だ。これは、属は種よりも上の階級で、科は属よりもさらに上の階級ということである（図13-1）。同じ種の生物は、当然のことながらよく似ている。だが、同じ属の生物はどうか。また、同じ科の生物は？　一般には、階級が上になるほど、属する生物の間の違いは大きくなっていくと考えられる。

だが、ここで問題になるのは、生物が「似ている」とはどういう意味なのか、ということである。似ているものを同じ種、属、科に入れると言っても、そもそも「似ている」という言葉の意味が曖昧《あいまい》であれば、曖昧な分類しかできないだろう。はたして、分類に明確な基準はあるのだろうか。

外見・習性が似ていても分類的に近いとはかぎらない

生物を分類しろと言われれば、外見の近いものや、習性の近いものを「似ている」と判断し、同じ種や属、科などに入れたくなる。だが、そういう分類は必ずしも正しくない。外見や習性が似ていても、まったく異なる生物とみなしたほう

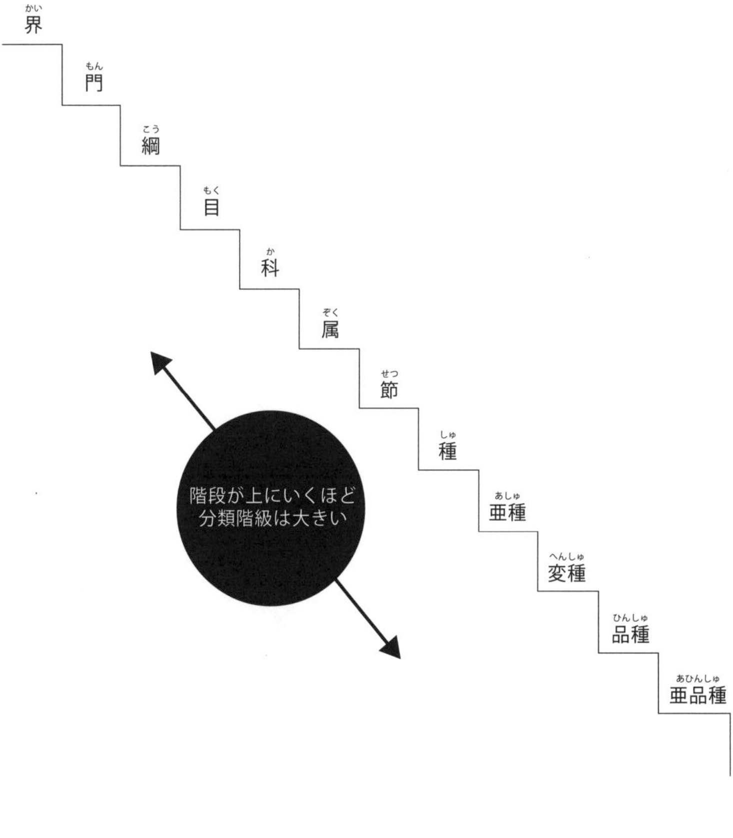

図13-1　生物の分類階級

が適切な場合も多いのだ。

そうした例としては、まず魚とクジラがあげられる。魚とクジラは、どちらもヒレを持ち、またどちらも水の中に生息していることから、非常に近い関係の生物だと、つい考えてしまいそうになる。しかし、分類学者たちは、両者をまったく違う生物であると判断している。これははたしてどういうことなのか。

分類上、重要な特徴、そうでない特徴

ある生物が生きていくうえで重要な特徴というのがある。その特徴がなくなったら生死に関わる、そういう特徴があるのだ。だが、その特徴が分類上も重要とはかぎらない。たとえば、クジラのヒレは、生きていくうえでは重要なものだろう。ヒレがなくては海の中を自在に泳ぐことなどできず、おそらくすぐに死んでしまう。しかし、だからといって、クジラのヒレが分類学者にとっても重要とはかぎらない。ヒレがあるからといって、それを理由にクジラを魚に近い生物だとは考えないのだ。現在の分類ではクジラは魚よりも、はるかにウシに近い生物とされている。それは、ヒレ以外の点では、魚よりも、ウシとの共通点が多いからである。たとえば、クジラはエラではなく肺で呼吸している。水中では呼吸しな

い。また、魚とは違い、体温が外気温に関係なくほぼ一定である。この点でもウシに近い。それから、卵を産まず、母親の子宮の中で子供が成長するところ、誕生後は母乳で子供を育てるところなどもウシと同じで、魚とはまったく違う。

クジラとヒレと魚のヒレ、コウモリの翼と鳥の翼はたしかに外見も機能も似ているが、これは、同じような生活環境に適応し、同じような行動をするため、偶然似てしまったのだと考えられる。そういう特徴は、分類上は重視しない。

分類にあたって重視する特徴としては、たとえば、生殖器官の特徴などがあげられる。生殖器官は、その生物の習性や食物とは直接関わりがない。そのため、住む地域や、競争相手の生物の影響を受けて変化する可能性が低いのだ。

たとえ祖先が共通だったとしても、生物の外見や習性は、住む地域や競争相手が大きく違っていれば、相当に異なったものになってしまうだろう。そうならないと生き残っていけないからだ。だが、それでも生殖器官は多くの場合、あまり変化しない。その必要がないのだ。生殖器官に限らず、その生物の生死に大きく影響しない特徴は変化しにくく、分類の手がかりとして有効だと言えるだろう。

たとえば、魚類と爬虫類《はちゅうるい》を見分ける手がかりは、鼻孔から口に抜ける通路があるかないか、だと言われている。有袋類《ゆうたいるい》かどうかを見分ける際には、あごの角の曲がった部分を手がかりにする。昆虫の場合は、翅《はね》のたたみ方が決め手になることもある。たとえば、チョウとガは区別しにくいが、とまる時に左右の翅を合わせるのがチョウ、逆に翅を開いてとまるのがガ、というように区別することがある（注13-2）。このように、些細《ささい》と思える特徴を分類の手がかりにすることは決して珍しくない。

痕跡《こんせき》器官

生物の中には、退化していて、ほとんど（まったく）役に立っていない器官を持つ者もいる。そういう器官のことを「痕跡《こんせき》器官」と呼ぶ。痕跡器官は、当然のことながら、その生物が生きていくうえでは重要なものではない。だが、生物を分類するうえでは重要な意味を持つ場合があるのだ。

ある生物では痕跡しか残っていない器官であっても、別の生物においては一応、なんらかの役割を果たしている、ということもある。そして、その違いは、生活環境や、競争相手の違いから生じていることもあるだろう。だとすれば、2つの生物の関係は近いのかもしれない。一見、似ても似つかない2種類の生物が、痕跡器官のおかげで、実は近縁の種であるとわかることもある。その器官が特定の生物グループにのみ見られるものである場合には、たとえ痕跡になってしまっていても、グループに属することを示す重要な証拠になることがあるのだ。

たとえば、ウシとブタの脚を比べてみると、一見、まったく違うように見える。ウシの脚はひづめが2つだが、ブタの脚はひづめが4つだ。ひづめを支える骨もウシは2本、ブタは4本である。しかしよく調べてみると、ウシの前脚の2本の骨には、ごく細い骨が2本と、指の痕跡のような小さな骨が2つ付いている。これは一種の痕跡器官と言えるだろう。元はブタの脚と同じようにひづめは4つで、支える骨も4本だったと考えられるのだ。一見すると、ウシの脚とブタの脚は大きく違っており、それが両者を似ていると判断する根拠になるとは思えない。しかし、骨まで詳しく調べると、じつはよく似た脚だとわかるのである。こうした手がかりをもとにウシとブタは、「偶蹄目《ぐうていもく》（ウシ目《もく》）」と呼ばれる同じグループに分類されている（注13-3）。

祖先は誰か

現在のところ、生物を分類する完全に客観的な基準というのはない（注13-4）。環境や習性によって影響を受けにくい特徴をもとに総合的に判断してはいるが、あらゆる生物がまったく同じ基準で分類されているとは言えない。

ただ、おそらくどの生物についても妥当《だとう》と思える基準はある。その基準とは、生物の「祖先」である。祖先が共通の生物は同じグループに入れる、という分類の仕方なら問題は少ないと思われる。たとえ、姿形や習性が似ても似つかなかったとしても、祖先が共通であるという確かな証拠があれば、関係の近い種であるとみなして差し支えないだろう。もちろん、私の唱える自然選択説が正しいとすれば、あらゆる生物の共通の祖先は同じ、ということになる。遠い遠い過去までさかのぼれば、たった1種類の生物に行き着くはずだ。つまり、正確には、共通の祖先がいた時代が現代に近いほど、分類上は近い関係にある、ということだ。共通の祖先から枝分かれした時期が新しいほど関係が近い、と言い換《か》えてもいい。たとえば、すべての哺乳類《ほにゅうるい》には、共通の祖先がいるはずである。そして、哺乳類の他、魚類や両生類などを含むすべての脊椎《せきつい》動物にも共通の祖先がいるはずだ（注13-5）。だが、脊椎動物の共通祖先のほうが、哺乳類の共通祖先よりも古いだろう。イヌとネコの共通の祖先より、イヌとカエルの共通祖先のほうが古いというわけだ。

ただし、祖先を分類の基準にしようとすれば、私たちは大きな問題に直面することになる。それは、はるかな過去からの生物の変化の歴史をつぶさに見た人は誰もいない、ということである。あらゆる生物は、その前に存在した生物が変化することによって生まれたはずだが、その変化の様子を見た人はいないのだ。何百万年、何億年も生きた人はいないし、仮に生きていたとしても、すべての生物の変化を見届けることは不可能である。つまり、祖先を基準に生物を分類しようとしても、絶対に確実な証拠を得ることは誰にもできないということだ。

では、この基準がまったく役に立たないかというと、そんなことはない。生物の外見や習性などを詳しく調べれば、近い過去の祖先が共通かどうかは、かなりの程度まで推測できるからだ。もちろん、確かな証拠はないので、その推測が間違っていることはあるだろう。それでも、たんに、見た目や習性が全体として似ているから、という理由だけで同じグループに入れる方法よりは間違いが少ないはずだ。

もし絶滅種がすべて蘇ったら

前にも書いたとおり、これまでに地球上に現れた生物種の多くはすでに絶滅している。だが、もし絶滅した生物種がすべて蘇ったとしたら、生物の分類はどうなるだろうか。おそらく、分類などほとんど不可能になってしまうのでないか、と思われる。絶滅種がすべて蘇るとすれば、関係の近い2つの種をつなぐ中間的な生物もすべて蘇ることになる。つまり、両者の違いは曖昧になってしまうのだ。種を分ける境界線をどこに引いていいかわからなくなる。だが、どの生物からどの生物が生まれたのかということは、ほぼ正確にわかるので、それを見ていけば生物界全体の体系がどうなっているかはわかるだろう。

一つの部品がさまざまに変化する

生物は限られた数の部品から作られている。部品は生物によって違っているようだが、じつは違って見えてももともとは同じ部品だったということは少なくない。たとえば、人間の手、モグラの手、ウマの前脚、イルカの胸びれ、コウモリの翼などは、外見や機能は大きく違っているが、もともとは同じ部品である。その相対的な位置や数はどれも同じになっている。たとえば、ある生物の場合だけ、人間の手に相当する部品が、脚に相当する部品よりも前に付く、ということはないし、手の数が2つから3つに増えたりすることはない（2つのうち1つが退化して、1つに減るということはありえる）。

その他、昆虫の口に関しても同じようなことが言える。チョウやガのゼンマイのように巻かれた口、ハチやカメムシの折りたたまれたような口、頑丈《がんじょう》なあごからなる甲虫の口などは、見た目に大きく違っているし、機能もまったく違う。

しかし、よく調べると、どの口も、上唇《うわくちびる》、大あご、二対の小あご、という部品が集まって作られているのだ。個々の部品の大きさや形は、昆虫の種類ごとに違っている。しかし、部品の構成、位置関係は決して変化しない。大あごの数が増えたり、大あごと小あごの位置が入れ替《か》わったり、ということは起きないのだ。

この事実は何を意味するのか。たとえば、哺乳類の体は、どの種も前脚が2本、後ろ脚が2本、それに胴体という部品から構成されている。部品の形や機能は種によって違うが、この構造は共通である。これはいったい、どういうことなのか。おそらく、すべての哺乳類には共通の祖先がいたということだろう。前脚が2本、後ろ脚が2本と胴体という構造の体を持った祖先がいたのだ。脚や胴体といった部品の形や大きさ、機能などがもともとどうだったのか、はわからない。現存する哺乳類のどれかと似ていたかもしれない。あるいは、今の哺乳類とは、部品の形や大きさがまったく違い、担う機能もまったく違ったのかもしれない。いずれにしても、その部品が、自然選択によって長い時間のうちに形や役割を変えて、今のような多様な哺乳類が生まれたことは確かだろう。それでも、部品の数と位置関係はずっと変わっていないのだ。

胚《はい》の特徴

生物を分類する際には、成長して大人になった後の特徴ではなく、生まれたばかり、あるいは生まれて間もない頃の特徴を手がかりにすることもある。特に、ごく初期の「胚《はい》」と呼ばれる時期の特徴を手がかりにすることが多い。いったい、なぜだろうか。

それは、胚の段階では、環境や競争相手の影響を受けて変化することが少ないからである。つまり、自然選択にさらされにくいということだ。たとえば、脊椎動物の胚はどれもよく似ている。哺乳類の胚は母親の子宮内で育ち、鳥類の卵は巣の中、カエルなど両生類の卵は水中で育つことになるが、そういう違いがあっても影響を受けることはあまりない。胚の段階では、自ら動いて食物を摂ることはなく、少しくらい形や性質が違っても生存できる可能性に変化はないからだ。自然選択にさらされにくければ、祖先の持っていた特徴をほぼそのまま受け継いでいる可能性が高い。胚を見て、特徴が似ていれば、関係の近い種と判断してよいことになる。

胚にかぎらず、生物がまだ生まれて間もない頃は、一般に、自然選択の影響を受けにくいと言える。親の保護を受けていれば、環境に適応するための特徴を身につける必要性は低い。幼い頃の外見や習性は祖先とあまり変わらないということだ。そのため、生物を分類するうえでの重要な手がかりになりやすい。フジツボはその好例である。フジツボは通常、甲殻類《こうかくるい》に分類されている。しかし、他の甲殻類と外見や習性があまりに違うため、その分類を受け入れない人も多くいた。たしかに、成体《せいたい》を見ているかぎりは、ほとんど誰も、フジツボを甲殻類だとは思わないに違いない。しかし、幼生《ようせい》を見ると、それがまったく変わってくる。フジツボの幼生はひと目見れば、他の甲殻類の幼生とそっくりであることがわかるのだ。

もちろん、保護を受けられず、幼いうちから自ら能動的に活動して生きていかなくてはならない生物もいる。昆虫などはそうである。昆虫は幼虫のうちから自ら動いて餌を食べ、捕食者にも対抗しなくてはならない。どういう餌が確保できるか、また、確保のためにどういう方法をとる必要があるかは、環境によって違ってくる。また、どういう捕食者がいるか、対抗のために何をしなくてはならないかも、その幼虫がどこに生息しているかで、大きく違ってくるだろう。だとすれば、当然、昆虫の種によって幼虫の形態も習性も大きく違うはずである。たとえ祖先が共通の昆虫であっても、幼虫がまったく違うものになる可能性がある。その場合は、幼虫を分類の手がかりにするのは難しい。

飼育栽培生物の例

幼い時期のほうが特徴に違いが出にくい、ということは、人間が飼育、栽培している生物からもわかる。身近な例としては、イヌがあげられる。グレイハウンドとブルドッグは、成犬を比較すると、「これははたして同じ動物だろうか」と思うくらいに違っている。しかし、この2種類のイヌはじつはかなり近い関係にあるのだ。私は両者の子犬がどのくらい違うかを実際に調べてみた。見た目には、2種類のイヌの幼犬は、成犬《せいけん》と同じくらいに違っているように見えた。しかし、老犬と幼犬の両方で、体の各部分の大きさの比率などを計測してみたところ、幼犬のほうが、老犬に比べると違いが少なかったのだ。

もちろん、例外もあるだろうが、全般的には、幼い時期のほうが品種間の違いは少なくなると思われる。多くの場合、成長してからの特徴をもとに人為選択が行われるからだ。

これは自然界の生物も同じである。自然界の生物も、幼い時期には自然選択にさらされにくいので、違いが生じにくい。しかし、成長してからは、自然選択の影響で種ごとに独自の特徴を持つことが多い。幼い時期の姿のほうが祖先の種との差が少なく、分類の手がかりになりやすいと言えるだろう。

＜注13-1＞
「種」より一つ上のレベルが「属」であるというのは、現在も同じである。ただし、その上のレベルに関しては、ダーウィンの時代と現在とでは違いがある。図13-1に示したのは、現在の分類階級である。

＜注13-2＞
これに関しては例外もある。現在、チョウとガの区別は曖昧《あいまい》になっている。

＜注13-3＞
現在も、ウシとブタは同じ偶蹄目《ぐうていもく》とされている。

＜注13-4＞
これは現在も同じである。

＜注13-5＞
この見解は現在と同じである。

（蔓脚《まんきゃく》を伸ばしている）フジツボ

第 *14* 章

結論

オオガラパゴスフィンチ

ガラパゴスフィンチ

コダーウィンフィンチ

ムシクイフィンチ

この本で書いてきたこと

私がこの本で書いてきたことは、要約すれば次の3点である。

・現存するすべての生物は、はるかな過去に誕生した1種類の生物の子孫である。
・その1種類が長い時間をかけてさまざまに変化することで、今日のような多種多様な生物が生まれた。
・生物は、「自然選択」の作用によって変化する。

自然選択というのは、簡単に言えば、生存に有利な生物が生き残って子孫を残し、不利な生物が滅びる、ということである。自然に「選ばれた」生物は生き残り、「選ばれなかった」生物は滅びるのだ。自然に選ばれるためには、その場の環境に適応し、競争相手となる他の生物に打ち勝たねばならない。生物はどれも、旺盛《おうせい》な繁殖力を持っており、もし、何にも邪魔をされなければ、あっという間に地球を埋め尽くすほどに増えてしまう。しかし、地球にはそれだけの数の生物を養う資源はない。資源とは、具体的には食物や居場所ということになるだろう。この食物などの限られた資源を、いろいろな生物が奪《うば》い合うわけだ。たとえば、同じ物を食べる生物どうしは、正面から競争しなくてはならない。敗れれば、食べることができずに死んでしまい、子孫も残せず、絶滅することになる。

生物は、どの種も、親と子がほぼ同じになるが、ときおり親とは明確に違った特徴を持った子が生まれることがある。生物には「個体差」がある、ということだ。そうした個体差のほとんどは、生存にとって害になる。いわゆる奇形や病気の類である。しかし、ごく稀《まれ》に、生存を有利にする場合があるのだ。生存を有利にする個体差を持っていれば、多くが生き残り、子孫を増やしていける可能性がある。個体差がいったん固定すれば、時間が経つにつれてもともとの種との違いが徐々に大きくなり、ついには「別の種」と言ってもよいほどになる。これが繰り返されて、生物は多様化してきた。それが私の学説の核心《かくしん》である。

創造主の関与《かんよ》を否定

私のこの学説には、異論を持つ人が多いに違いない。

・すべての生物は創造主が作った。
・どの生物も歴史の最初からまったく変化していない。

という、従来、主流だった考えとは相容《あいい》れないからだ。

生物は非常に複雑で精巧にできているように見える。そういう複雑で精巧なものができるためには意思と知性を持った存在が必要、と考えるのはたしかに自然なことだ。「人間をはるかに超《こ》える能力を備えた創造主がいる、そう考えなければ、とても説明がつかない」と多くの人が考えたのも不思議なことではないだろう。私の学説は、そういう創造主の関与を否定するものである。誰も何もしないのに、複雑な生物がひとりでに誕生した、と言っている。途方《とほう》もないこと、到底信じられないこと、と感じる人は多いだろう。

だが、私の話をよく聞いてもらえれば、この学説がそれほど信じがたいものではないとわかるはずだ。第一に、私は、複雑で精巧な生物が何もないところから突然、生まれたと言っているのではない。それはありえない話だろう。はじめに誕生した生物は、ごくごく単純なものだったに違いない。それが長い長い時間をかけて徐々に変化してきたのだ。一度に大幅な変化はしないが、わずかな変化が多く積み重ねられて大きな変化になったということだ。

この方法で元と違った生物が誕生しうることは、人間が飼育栽培している生物を見てもわかる。飼育鳩は、おそらく元は「カワラバト」という野生の鳩だった。しかし、個体に生じたわずかな違いを人間が選びとること（人為選択）により、長い時間を経て、元の姿が想像できないほどに大きく変化した鳩が何種類も生まれた（第1章を参照）。

「自然は飛躍《ひやく》せず」という格言がある。生物に関しても、この格言は正しい。生物の持つ特徴が、いっきに、飛躍的に変化することはないのだ。一度の変化は常にわずかなものである（注14-1）。その変化が積み重なることで、大きな変化が生じる。

中間種の不在

生物には、信じがたいほど複雑で精巧な機構が備わっている。また、複雑な本能を持つ生物も多くいる。よく言われるのは、「そういう複雑な機構や本能が、わずかな変化の積み重ねによって生じたのだとしたら、中途半端で未完成な機構や本能を持った生物がいたるところにいるはずではないか」ということである。祖先の種と現在の種をつなぐ中間種が多くいるはずなのに、見当たらない、おかしいではないか、というわけだ。

この問いに関してまず覚えておくべきなのは「生物は激しい生存競争をしている」という事実である。仮に、中間種が一時的に存在したとしても、その後に、より「完成された」機構を持った生物が生まれたとしたら、生存競争に破れ、あっという間に絶滅してしまうだろう。ぼんやりとしか見えない目を持つ生物と、少しはっきりと見える目を持つ生物の、どちらが生存に有利かは明らかである。

また、「中間種が現存しないのは認めるにしても、その化石が見つからないのはおかしい」という人もいる。だが、生物が化石になるのはむしろ稀なのだ。ほとんどの生物は化石にならずに消えていく。また、もし、化石がどこかに存在したとしても、見つからない可能性も高い。世界中のあらゆる地層をくまなく調べることなどできないからだ。地層や化石を、生物の歴史を記した書物のように考えている人も多いが、その書物は、大半のページが欠落した、極めて不完全なものなのである。私たちは、これまで地球上に存在した生物のほとんどを知らないし、これからも知ることはできないだろう。

不完全な生物

また、現存する生物を「完成されたもの」「完全なもの」と考えるのも誤りかもしれない。今、地球上に生息している生物たちは、完全だからそこにいられるわけではないのだ。たとえ不完全であっても、その不完全さがただちに死につながるような致命的なものでなく、他の競争相手に比べて「まし」であれば、絶滅することなく生き続けられる。むしろ、あらゆる生物は不完全、未完成だと考えたほうが適切かもしれない。これも、創造主がすべてを作ったという考えとは相容れないだろう。全知全能の創造主が不完全な生物を作るはずなどないからだ。

たとえば、ミツバチには毒針があるが、この毒針を敵に刺すと、体から引きちぎられ、自らも命を落としてしまう。身を守るための針なのかと思えば、それが原因で死んでしまうのだ。これが不完全でなくてなんだろう。創造主の仕事としてはあまりにお粗末《そまつ》ではないだろうか。こういう事例は数多くある。それだけでも、創造主の関与を疑うのに十分だと思われる。

生物の分布

生物は世界のいたるところに生息している。高い山の上にも、深い海の底にも、絶海の孤島にも多様な生物がいる。遠く離れた2つの土地にそっくりな生物がいることもある。こうした事実は、一見、私の学説には不利にも思える。私の学説が正しいとすれば、あらゆる生物は世界の中のどこか一点で誕生したことになるからだ。創造主が各地に個別に生物をもたらしたと考えるほうが、この事実を簡単に説明できるようにも見える。

しかし、ここでひとつ重要なのは、「生物は移動できる」ということである。動物はもちろん、植物ですら、風や水、動物などの力を借りることであちらこちらへと移動できるのだ。そして、気候や地形などが時代によって変化するという事実も重要である。気温が上下すれば、今まで海だったところが陸になったり、逆に陸だったところが海になることもあるだろう。同じことが地殻《ちかく》変動によって起きる場合もある。海だったところが陸になれば、陸上の動物は簡単に移動できるようになるだろう。今は海に隔てられている2つの土地に同じ種類の生物がいるのはそのせいかもしれない。

絶海の孤島の多くに、哺乳類《ほにゅうるい》が生息していないことも、私の学説の正しさを裏づけると思われる。他の生物は豊富に存在しているのに哺乳類はいない、ということがよくあるのだ。植物は鳥などが種《たね》を運んだり、種《たね》のついた枝が波に流されてきたりして、海を渡れる可能性がある。また、爬虫類《はちゅうるい》などは流木《りゅうぼく》に乗ってやってきたのかもしれない。だが、哺乳類の場合、爬虫類のように、長い期間、何も食べずに生きることはできない。創造主が各地に個別に生物を作ったのなら、孤島に哺乳類がいないのは妙だと言わざるをえない。どこか一箇所で生まれた生物が後に移動して分布を広げたと考えれば、説明がつく。同じ哺乳類でも、翼を持つコウモリだけは孤島に生息していることがある。コウモリは空を飛んで、他の大きな陸地から移動できたのだろう。

共通の部品

過去から現在までに存在したすべての生物は、たった1種類の生物が徐々に変化し、枝分かれして生じたもの、と私は考えている。どの生物も元をたどれば共通の祖先に行き着く。比較的近い時代に枝分かれした種、つまり、共通の祖先が近い過去に存在した種どうしは分類上、近い関係にある。反対に、共通の祖先が遠い過去に存在した種どうしは分類上、遠い関係にあると言える。

たとえば、「哺乳類」というグループに属する生物はすべて、まだ見つかっていない共通の祖先から枝分かれしたと考えられる。現在の哺乳類は多種多様なので、とてもすべてが共通の祖先から生じたとは考えられないかもしれない。ゾウもイルカもコウモリも、すべて哺乳類だが、外見や習性はまったく違っている。しかし、共通の祖先がいることを示唆する共通の特徴、というのもある。それが、体を構成する部品の位置関係と数である。どの哺乳類の体も、前脚が2本、後ろ脚が2本に胴体、という構成になっていて、その数や位置関係に違いはない。前脚が3本になっている生物や後ろ脚にあたる部品が前にあるという生物はいないのだ。
イルカの胸ビレや、コウモリの翼は、一見、前脚とはまったく違うようだが、骨の構成、数などを調べてみると、じつは非常によく似ていることがわかる。元はまったく同じだったものが、長い時間をかけて少しずつ変化し、枝分かれしていったと考えれば簡単に説明がつく。

未来の展望

私がこの本で書いたことが今後、世の中に広く受け入れられるようになるかはわからない。だが、もし、受け入れられたとしたら、博物学、自然史学には革命的な変化が起きると思う。まず、重要なことは、種と変種の違いが相対的なものでしかなくなるということである。これまでの主流の考え方では、種は創造主によって作られたもので不変のもの、ということになっていた。何かの理由で変種が生まれることはあるが、ある種が変化して、別の種が生まれることなどない、とされていたのだ。だが、私の学説が正しいとすれば、種は変種の延長ということになり、両者の間に明確な境界線があると考える必要はなくなるだろう。
これまで私たちは、まるで未開人が船を見るように生物を見てきた。生物は、完全に自分たちの理解を超える存在だったということだ。私の説が受け入れられれば、その点も変わっていくはずだ。船はたくさんの職人の汗《あせ》と経験の成果である。作り上げるまでには色々と失敗もしているだろう。それと同じように、生物も、いっきにできたわけではなく、自然界の長い間の試行錯誤《しこうさくご》の成果だと考えられるのだ。そう考えれば、これまでよりは、かなり理解がしやすくなる。きっと生物の研究は今までよりもはるかに興味深いものになるに違いない。

今後、過去の気候変化や土地の高低の変化について研究が進めば、生物の分布がどのように広がっていったのか、その歴史も詳しく解明されるようになるだろう。現在のところはたんなる推測にすぎないことも、その正しさを裏づける確かな証拠が見つかるかもしれない。私もこの本であれこれと推測を試みているが、それがどこまで正しいのかが明らかになっていくだろう。

生物の種は、今も次々に誕生しているし、絶滅も次々に起きている。「創造主が一度にすべてを作った」というような急激な変化は一度も起きていないはずだが、ゆっくりとした変化は遠い過去からずっと続いていて、それは現在も変わっていない。

生物の変化の速さには、おそらく周囲の環境はあまり影響しない。大きく影響するのは、競争相手となる別の生物たちである。競争相手が多い場所では、それに打ち勝つために変化が速くなり、競争相手が少ない場所では、変化はゆっくりになる。

地球の歴史の初期には、生物の種類もまだ少なかっただろうし、構造も単純なものばかりだっただろう。そういう時期には、生物の変化の速度は極端に遅かったと考えられる。長い間、ほとんど変化しない時代が続き、ある時点から速度が上がったのではないだろうか。いずれにしても、現在のような多様な生物が生まれるためには、地球の歴史は相当に長くなくてはならない。今はよくわかっていないが、いずれどのくらい長いかもわかるときが来るに違いない（注14-2）。

現在のところは、生物の種はすべて個別に創造されたと信じている人が多いと思う。しかし、私は、生物の創造や絶滅に、何か特別な力がはたらいたとは考えていない。私たちは日頃《ひごろ》、生物の個体が生まれたり、死んだりする様子を見ている。そうした個体の生死に関わる原理と、生物種の誕生や絶滅に関わる原理には違いがないと考えているのだ。全知全能の創造主が関わらなくても、多様な生物は生まれると信じている。また、そう考えないと、この世界を支配する他の多くの法則と矛盾《むじゅん》してしまう。そうした法則をこの世に課したのが創造主なのだとしたら、生物が従わないのはおかしいのではないだろうか。すべての生物が個別に創造されたと考えるより、あらゆる生物が遠い過去に生じた少数の生物の直系の子孫だと考えるほうが、私には貴いと感じられる。

現在地球上にいる生物種のうち、今の姿を変えることなく、遠い未来まで子孫を残す種はひとつもないだろう。また、形を変えたとしても、遠い未来まで子孫を残せる種はごくわずかだろう。それは過去を振《ふ》り返れば明らかだ。過去に生まれた多くの生物種が子孫を残すことなくすでに絶滅しているし、子孫を残していたとしても、姿を大きく変えているからだ。

ただし、生物は全体としてみれば、長い地球の歴史の中で一度も途《と》切《ぎ》れることなく世代交代を繰り返してきた。生物が誕生して以来、すべてが滅びてしまったことは一度もないのだ。そう考えれば、これから先も遠い未来まで安泰《あんたい》だと見ていいかもしれない。そして、今後もおそらく自然選択はあらゆる生物に作用し、生物を変えていくことだろう。

私たちの周囲には多種多様な生物が存在し、複雑に関係し合って生きている。こういう複雑で精巧な生物の世界が、創造主のような特別な存在抜きで作られたのだ。そう思うと不思議な感慨《かんがい》を覚える。たった1種類の単純な生物に命が吹き込まれてから、地球が何度も何度も回転するうちに、きわめて複雑で美しい生物が次々に誕生してきた。そして、それは今も続いている。じつに壮大《そうだい》な物語ではないだろうか。

＜注 14-1＞
この点に関しては現在、異論もある。重大な変化はいっきに生じることもあるとする研究者もいる。ただし、その変化が生存に有利なものになるとは限らない。生存に有利な変化だけが保存されるという点では、ダーウィンと同じ考えである。

＜注 14-2＞
現在、地球の歴史は約46億年というのが定説になっている。

付録

その後の進化論

ダーウィンが『種の起源』を書いてから現在に至るまで、生物学は驚異《きょうい》的な進歩を遂《と》げた。ダーウィンの時代にはわからなかったことが次々に解明されたのだ。ここでは、『種の起源』以後、具体的に何がわかったのかをまとめておこう。

地球の歴史の長さ

進化論にとって、まず重要になるのは、「地球の歴史の長さ」である。聖書の記述のとおり、地球の歴史がわずか数千年だったとすると、とても現在のような多様な生物が生まれる可能性はない。生物の変化の速度は非常に遅《おそ》いので、何億年、何十億年という、とてつもなく長い時間がなければ足りないのだ。19世紀の段階では、地球の歴史の長さを正確に知る方法も確立されておらず、多くの人が、その方法を模索《もさく》していた。その一人がウィリアム・トムソン（ケルヴィン卿《きょう》）だ。

トムソンは鉱山技師から、地中深く掘《ほ》り進むほど温度は上昇《じょうしょう》するという話を聞いた。その話から、地球は過去に星屑《ほしくず》が数多く衝突《しょうとつ》してできた塊《かたまり》ではないか、と考えた。衝突の際のエネルギーによって熱が生じたために地球の内部は今も温かい、と考えたのだ。だが、外から熱が供給されるわけではないため、徐々《じょじょ》に冷えてはいる。やがて地表と地中の温度は同じになるはずだ。つまり、地中のもともとの温度を推測し、地球を構成している岩石がどのくらいの速度で冷えるかを調べ、あとは現在の地中の温度を調べれば、地球が生まれてから現在まで、どのくらいの時間が経っているかわかるはずである。その計算の結果、トムソンは地球の年齢《ねんれい》を約1億歳《おくさい》と推定した。ダーウィンの理論で生物の進化を説明するには、1億年は短すぎる時間である。そのため、ダーウィン自身も理論の再検討を余儀《よぎ》なくされた。

現在では、地球の年齢は約46億年であるとされているが、このように地球の年齢が何十億年単位の長さであることがわかってきたのは、ダーウィンの死後のことである。それがわかるまでの間、ダーウィンの業績に対する評価が一時、下がってしまったこともある。生物が進化していることは多くの人が認めるようになったものの、ダーウィンの言うように「自然選択《せんたく》」によって進化しているのではなく、他の理由で進化していると考える人が増えたのだ。後に地球の年齢が非常に長いということが明らかになったおかげで、ダーウィンの理論は復権したのである。

メンデル

生物に「遺伝」という現象が起きることは、ダーウィンの時代から知られていた。そして、この遺伝という現象がなければ、生物は進化しえない。親に生じた変化が子に受け継《つ》がれるからこそ、進化は起きる。たとえ、いずれかの個体に新たな特徴《とくちょう》が生じても、その特徴が子に受け継がれないのだとしたら、変化は一時的なもので終わってしまう。ダーウィンの進化論は、遺伝が起きることを前提に組み立てられている。ただ、ダーウィンは、遺伝がどういう仕組みで起きるのかはまったく知らなかった。

遺伝の基本的な仕組みを解き明かしたのは、グレゴール・メンデルという人物である。メンデルは、1822年にオーストリア（現在はチェコ領）のハインツェンドルフで生まれた。聖アウグスチノ修道会に入ったメンデルは、修道院内で科学を独学し、後にウィーン大学に留学してさらに詳《くわ》しく科学を学んだ。そして、修道院長となった頃《ころ》、修道院の菜園で、有名なエンドウマメを使った実験を行った。エンドウマメにいろいろな種類のものが存在することは知られていたため、種類の違《ちが》いがどのような法則で生じるのかを突《つ》きとめようとしたのである。

メンデル以前には、両親の持つ特徴は液体のように混じり合って子に伝えられると考えられていた。たとえば、黄色のエンドウマメの花から花粉をとり、それを緑のエンドウマメの花の雌《め》しべにつけたとすると、緑と黄色の中間色のエンドウマメができる、と考えられていたのだ。メンデルもそう予測して実験を始めた。しかし、結果は予測とは違っていた。できたエンドウマメはすべて黄色になったのだ。そして、不思議なことに、新たにできた黄色のエンドウマメどうしをかけ合わせると、すべてが黄色にはならず、黄色のものと緑のものができた。いったん消滅《しょうめつ》したかに見えた緑のエンドウマメが復活したというわけである。

この結果から、メンデルは、両親の性質はなにか「粒子《りゅうし》」のようなものによって個別に伝わるのではないか、と考えた。黄色の情報を伝える粒子、緑の情報を伝える粒子などがあり、子供はそれを受け継ぐ。ただし、粒子を受け継いだからといって、性質が現れるとはかぎらない。緑の情報を伝える粒子を持っていても緑にならないことがあるのだ。しかし、その粒子がさらに次の世代に伝えられれば、緑のエンドウマメができる可能性がある。

メンデルのこの考え方は、正しかったことが証明されている。ダーウィンは遺伝の仕組みがわからないために、研究が進まずに困っていた。メンデルとダーウィンは同じ時代の人なので、もし二人が出会っていたら、ダーウィンの研究は飛《ひ》躍《やく》的に進み、その後の生物学の歴史が変わっていたかもしれない。

メンデルの研究は、彼《かれ》が生きている間にはほとんど注目されなかった。注目されたのは、他の科学者がメンデルの生前の論文を再発見してからである。

遺伝子《いでんし》

メンデルは、親から子へは「粒子」のようなものによって遺伝情報が伝えられると考えた。粒子の正体が何なのかまではわからなかったが、それが存在することはおそらく間違《まちが》いなかった。

20世紀に入ると、この未発見の粒子は、「遺伝子《いでんし》」と名づけられた。また、遺伝子は、細胞《さいぼう》内の「染色体《せんしょくたい》」と呼ばれる部分に存在するとされた。ただし、遺伝子が具体的にどういう物質なのか、どういう構造を持ち、どういう仕組ではたらくのかは、すぐにはわからなかった。

遺伝子の正体が染色体内の「DNA（デオキシリボ核酸《かくさん》）」という物質であることがわかったのは1944年のことである。DNA自体はすでに19世紀に発見されていたが、ずっと遺伝とは無関係と見られていた。遺伝子は、まだ誰《だれ》も見つけていない特別なタンパク質で、そのタンパク質に遺伝情報が書きこまれていると思われていたのだ。遺伝子がDNAであることを発見したのは、オズワルド・エイブリーである。エイブリーは、肺炎《はいえん》を引き起こす肺炎双球菌《そうきゅうきん》という細菌《さいきん》を使った実験により、次世代への遺伝情報の伝達に確かにDNAが使われていることを証明した。だが、この研究成果はあまり支持されなかった。エイブリーの研究成果の正しさが認められるようになるのは、1952年の、アルフレッド・ハーシーとマーサ・チェイスの実験以降である。ハーシーとチェイスは、大腸菌《だいちょうきん》に寄生《きせい》する「T2ファージ」と呼ばれるウイルスを使った実験を行い、DNAが遺伝情報の媒体《ばいたい》であることを証明した。その後は、「遺伝子＝DNA」であることを疑う人はほとんどいなくなった。

そして、翌1953年、ついに、ジェームズ・ワトソン、フランシス・クリックの二人によって、DNAの構造と仕組みが明らかにされる。彼らは、DNAが「二重らせん」構造になっていることを発見した。4つの塩基《えんき》＝アデニン（A)、チミン（T)、グアニン（G)、シトシン（C）がつながった、らせん状の鎖《くさり》が2本、互《たが》いに絡《から》み合ったような構造をしていたのである。これら4つの塩基が、親から子へと遺伝情報を伝える媒体となっていた。A、T、G、Cがどう並んでいるか（塩基配列《はいれつ》）で生物の特徴が決まる。遺伝情報は、いわば、A、T、G、Cという4つの文字からなる暗号のようなものであった。

DNAの構造が解明された後、生物学は急速に進歩した。現在では、DNAの解析《かいせき》が生物の分類にも利用されている。

DNA解析のおかげで、外見が似ていてもじつは関係が遠い生物や、外見がまったく違っていても関係の近い生物などが次々と見つかった。その他、過去の生物のDNAが解析されるなど、進化の研究にはDNAがよく利用されている。DNAを解析すれば、たとえば、チンパンジーと人間が共通の祖先からいつごろ分かれたか、ということまでわかる（現在、チンパンジーと人間が分かれたのは約700万年前とされている）。人間のDNAの塩基配列をすべて解析する「ヒトゲノム計画」というプロジェクトも実施《じっし》され、2003年に完了《かんりょう》した。

突然変異《とつぜんへんい》

ダーウィンの進化論には、一つ大きな問題があった。ダーウィンは「生物にはまず個体差が生じ、その後、自然選択によって生存に有利な個体差は残り、不利な個体差は消滅する」と言った。しかし、「そもそも個体差はいったい、なぜ生じるのか」ということがまったくわからなかったのだ。『種の起源』の中でも、個体差が生じる理由について推測を試みているが、何もわからないに等しかったことはダーウィン本人も認めている。

現在では、個体差の生じる原因は主として「遺伝子の突然変異」である、とされている。DNAは、細胞分裂《ぶんれつ》のたびにコピーされ、次々に同じものが作られていくのだが、ときおり、そのコピーにエラーが起きることがある。あるいは、放射線などがあたり、DNAが損傷してしまうこともある。それが突然変異である。精子や卵子などの生殖《せいしょく》細胞のDNAに突然変異が起きると、それが子孫にも受け継がれることになる。

DNAの突然変異は多くの場合、奇形《きけい》や病気の原因になるが、まれに、その生物の生存に有利になる変化をもたらすこともある。自然選択により、不利な変化が起きた生物は死に絶《た》え、有利な変化が起きた生物だけが生き残る。そう考えればダーウィンの理論に合致《がっち》する。このように、「突然変異と自然選択の組み合わせで進化が生じる」という考えが現在の進化論の基本となっている。ダーウィンの進化論は、彼の死後に何人もの研究者の手によって完成されたとも言えるだろう。

進化については、未だに不明なところも多い。現在も新発見が相次《あいつ》いでおり、過去に常識だと思われていたことが誤りだとわかることもよくある。今後も、まだまだ驚《おどろ》くべき発見があるだろう。だが、細部はいろいろと修正が必要になったとはいえ、ダーウィンの唱えた進化論は、150年以上を経た今も、基本的には正しかったと認められている。十分な機器や技術もない時代だったことを考えれば、その業績は奇跡《きせき》的なものだ。その偉大《いだい》さは、これからも色褪《いろあ》せることはないだろう。ダーウィンがいなければ、世界は今とまったく違ったものになったかもしれない。

各章トビラに掲載しているイラストについて

第1章: グレイハウンドとブルドッグ――同じ犬でも大きく異なっている。

第2章: サクラソウとキバナクリンソウ――その中間的な種がいくつも存在したことから、一見、別種に見えるこの2つの変種は共通の祖先から生じたと、ダーウィンは考えた。

第3章: タンポポと綿毛――タンポポが綿毛を作るのは、競争から逃がれるための適応とも言える。

第4章: メスにアピールするクジャクの雄――クジャクの飾り羽は性選択の結果と考えられる。

第5章: ツコツコ――南米のげっ歯類。地中生活に適応したため目が小さくなったとダーウィンは考えた。

第6章: フジツボ――ダーウィンはフジツボを特に詳しく研究した。

第7章: カッコウの雛――托卵先で他の鳥の雛を巣の外へ追い出す本能を備えている。

第8章: ラバ――雄のロバと雌のウマの交雑種として有名であり、不妊。

第9章: 始祖鳥の化石――始祖鳥の化石(ロンドン標本)は『種の起源』刊行2年後に発見され、ダーウィンは爬虫類と鳥類の中間の形態と考えた。現在は、鳥の直接の祖先ではないと主張する人もいる。

第10章: 現在のウマとヒラコテリウム――ヒラコテリウムは5500〜4500万年前の始新世前期に北アメリカ、ヨーロッパに生息し、ウマの祖先とされている。前足に4本の指がある。

第11章: フクロウとペレット――フクロウは獲物を丸呑みし、あとで、骨や羽毛など消化できないものを塊として吐き出す。それがペレットである。

第12章: ガラパゴスゾウガメ――鞍の形状がドーム型のものと鞍型のものがある。

第13章: ヒト、モグラ、ウマ、イルカ、コウモリの前肢――外見は大きく異なっているが基本的な構造は同じ。

第14章: フィンチのクチバシ――ガラパゴス諸島の中でも島ごとに形や大きさが違っている。

参考文献

チャールズ・ダーウィン著、渡辺政隆訳『種の起源』(光文社，2009年)

チャールズ・ダーウィン著、八杉龍一訳『種の起原』(岩波書店，1990年)

北村雄一著『ダーウィン『種の起源』を読む』(化学同人，2009年)

チャールズ・ダーウィン／リチャード・リーキー著、吉岡晶子訳『新版・図説 種の起源』(東京書籍，1997年)

田中一規著『マンガ「種の起源」』(講談社，2005年)

チャールズ・ダーウィン著『種の起源(まんがで読破)』(イースト・プレス，2009年)

カール・ジンマー著、渡辺政隆訳『「進化」大全—ダーウィン思想：史上最大の科学革命』(光文社，2004年)

松永俊男著『チャールズ・ダーウィンの生涯—進化論を生んだジェントルマンの社会』(朝日新聞出版，2009年)

長谷川眞理子著『ダーウィンの足跡を訪ねて』(集英社，2006年)

ジェームズ・D・ワトソン著、青木薫訳『DNA』(講談社，2005年)

中原英臣／佐川峻著『新・進化論が変わる—ゲノム時代にダーウィン進化論は生き残るか』(講談社，2008年)

フランク・ライアン著、夏目大訳『破壊する創造者—ウイルスがヒトを進化させた』(早川書房，2011年)

デイビッド・J・リンデン著、夏目大訳『つぎはぎだらけの脳と心—脳の進化は、いかに愛、記憶、夢、神をもたらしたのか?』(インターシフト，2009年)

トム・スタッフォード／マット・ウェッブ著、夏目大訳『Mind Hacks—実験で知る脳と心のシステム』(オライリー・ジャパン，2005年)

年表

	チャールズ・ダーウィン	『種の起源』
1809年	イギリス、シュロップシャー州シュルーズベリで誕生(2月12日)。	※『種の起源』は1859年の初版刊行後、5回改訂され、最終的に第6版まで発行されている。各版の発行年は以下のとおりである。
1825年(16歳)	エディンバラ大学に進学。	
1828年(19歳)	ケンブリッジ大学に入学。	
1831年(22歳)	ケンブリッジ大学を卒業。 ビーグル号乗船を打診される(8月)。 ビーグル号出港(12月27日)。	
1835年(26歳)	ビーグル号ガラパゴス諸島に到着(9月)。	
1836年(27歳)	ビーグル号がイギリスに帰港(10月2日)。	
1837年(28歳)	ロンドンに居をかまえる。 生物の変化についての考えを秘密のノートに書き始める。	
1838年(29歳)	マルサス『人口論』を読む。	
1839年(30歳)	従姉エマと結婚(1月)。 王立協会会員に選ばれる。	
1842年(33歳)	ケント州ダウンに転居。	
1858年(49歳)	アルフレッド・ラッセル・ウォレスと共に「自然選択説」を発表(6月30日)。	
1859年(50歳)	『種の起源』を刊行(11月22日)。	初版刊行
1860年(1月)		第2版刊行
1861年(4月)		第3版刊行
1866年(6月)		第4版刊行
1869年(8月)		第5版刊行
1871年(62歳)	『人間の由来』を刊行。	
1872年(2月)		第6版刊行
1882年(73歳)	ダウンにて死去。	

夏目 大
14歳のプロフィール

生存競争(?)の末、古《いにし》えの媒体となった
カセットテープの山

私にとって14歳を象徴するものと言えば、間違いなくカセットテープである。FMラジオから、友達を拝み倒して貸してもらったレコードから録音して、何度も何度も繰り返し聴く。まだ、全部捨てずに取ってあった。今はもちろん、iPodで聴いているけれど……。そう言えば、ラジオの放送をカセットに録音することを「エアチェック」と言っていた。誰が言い出したのかわからない。でも、なんとなくかっこいい。いつの間にか、誰も言わなくなってしまった。あの時は、ずっと使われる言葉だと思っていたけど、そうじゃなかった。

チャールズ・ダーウィン
1809年生まれ。イギリスの自然史学者。1831年、ケンブリッジ大学を卒業後、イギリス海軍の測量船「ビーグル号」での航海に誘われ、世界を周遊する。1858年、49歳のときにアルフレッド・ラッセル・ウォレスと共に「自然選択説」を発表、翌年『種の起源』を刊行する。代表作に『ビーグル号航海記』『人間の由来』『ミミズと土』などがある。1882年没。

夏目 大（なつめ・だい）
1966年大阪府生まれ。翻訳家。訳書に『音楽の科学―音楽の何に魅せられるのか？』(河出書房新社)、『破壊する創造者―ウイルスがヒトを進化させた』(早川書房)、『Mind Hacks―実験で知る脳と心のシステム』(オライリー・ジャパン)などがある。翻訳学校「フェロー・アカデミー」講師。ブログ(http://dnatsume.cocolog-nifty.com/natsume/)。

超訳《ちょうやく》 種《しゅ》の起源《きげん》
―生物《せいぶつ》はどのように進化《しんか》してきたのか―

2012年4月 1日 初版 第1刷発行
2023年7月 6日 初版 第5刷発行

著者 チャールズ・ダーウィン
訳者 夏目 大
発行者 片岡 巌
発行所 株式会社技術評論社
東京都新宿区市谷左内町 21-13
電話 03-3513-6150 販売促進部
03-3267-2270 書籍編集部
印刷／製本 日経印刷株式会社

定価はカバーに表示してあります。

ISBN978-4-7741-5004-8 C3045
Printed in Japan